全国高职高专教育土建类专业教学指导委员会规划推荐教材

空调系统调试与运行（第二版）

（供热通风与空调工程技术专业适用）

本教材编审委员会组织编写

刘成毅　毛　辉　编著

U0285679

中国建筑工业出版社

图书在版编目（CIP）数据

空调系统调试与运行/刘成毅等编著. —2版. —北京：中国
建筑工业出版社，2015.12

全国高职高专教育土建类专业教学指导委员会规划推荐教材

（供热通风与空调工程技术专业适用）

ISBN 978-7-112-18766-9

Ⅰ.①空… Ⅱ.①刘… Ⅲ.①空气调节系统-高等职业教育-
教材 Ⅳ.①TU831.3

中国版本图书馆 CIP 数据核字（2015）第 279261 号

　　本书比较详细、完整地介绍了空调系统安装完毕后的试运行调试程序
和方法，同时也介绍了空调系统运行中的日常管理、保养和维修知识。全
书共 6 章，主要内容包括：空调测试仪表与使用方法、空调系统试运行与
调试的准备工作、空调电气与自动控制系统调试、空调水系统及制冷系统
试运行与调试、空调系统试运行与调试、空调系统运行与维护。

　　本书融入了近年来国内出现的空调系统新检测调试技术，在内容和编
排上与空调工程相关标准密切联系，与工程实际有较好的结合。除作为教
材外，还可供从事空调工程安装和运行管理的技术人员参考。

　　课件网络下载方法：请进入 http://www.cabp.com.cn 网页，输入本
书书名查询，点击"配套资源"进行下载；或发邮件至 524633479@qq.com
求取课件。

＊　＊　＊

责任编辑：张　健　朱首明　齐庆梅　李　慧
责任校对：李欣慰　刘梦然

全国高职高专教育土建类专业教学指导委员会规划推荐教材

空调系统调试与运行

（第二版）

（供热通风与空调工程技术专业适用）

本教材编审委员会组织编写

刘成毅　毛　辉　编著

＊

中国建筑工业出版社出版、发行（北京西郊百万庄）

各地新华书店、建筑书店经销

北京红光制版公司制版

廊坊市海涛印刷有限公司印刷

＊

开本：787×1092 毫米　1/16　印张：11½　字数：277 千字
2016 年 3 月第二版　　2016 年 3 月第七次印刷
定价：**23.00** 元（附网络下载）

ISBN 978-7-112-18766-9

（28043）

供热通风与空调工程技术专业教材
编审委员会名单

序　言

近年来，建筑设备类专业分委员会在住房和城乡建设部人事司和全国高职高专教育土建类专业教学指导委员会的正确领导下，编制完成了高职高专教育建筑设备类专业目录、专业简介。制定了"建筑设备工程技术"、"供热通风与空调工程技术"、"建筑电气工程技术"、"楼宇智能化工程技术"、"工业设备安装工程技术"、"消防工程技术"等专业的教学基本要求和校内实训及校内实训基地建设导则。构建了新的课程体系。2012年启动了第二轮"楼宇智能化工程技术"专业的教材编写工作，并于2014年底全部完成了8门专业规划教材的编写工作。

建筑设备类专业分委员会在2014年年会上决定，按照新出版的供热通风与空调工程技术专业教学基本要求，启动专业规划教材的修编工作。本次规划修编的教材覆盖了本专业所有的专业课程，以教学基本要求为主线，与校内实训及校内实训基地建设导则相衔接，突出了工程技术的特点，强调了系统性和整体性；贯彻以素质为基础，以能力为本位，以实用为主导的指导思想；汲取了国内外最新技术和研究成果，反映了我国最新技术标准和行业规范，充分体现其先进性、创新性、适用性。本套教材的使用将进一步推动供热通风与空调工程技术专业的建设与发展。

本次规划教材的修编聘请全国高职高专院校多年从事供热通风与空调工程技术专业教学、科研、设计的专家担任主编和主审，同时吸收具有丰富实践经验的工程技术人员和中青年优秀教师参加。该规划教材的出版凝聚了全国高职高专院校供热通风与空调工程技术专业同行的心血，也是他们多年来教学工作的结晶和精诚协作的体现。

主编和主审在教材编写过程中一丝不苟、认真负责，值此教材出版之际，谨向他们致以崇高的敬意。衷心希望供热通风与空调工程技术专业教材的面世，能够受到高职高专院校和从事本专业工程技术人员的欢迎，能够对土建类高职高专教育的改革和发展起到积极的推动作用。

全国高职高专教育土建类专业教学指导委员会
建筑设备类专业分委员会
2015年6月

第 二 版 前 言

本书是普通高等教育土建学科专业"十一五"规划教材；全国高职高专教育土建类专业教学指导委员会规划推荐教材，是根据高等学校土建学科教学指导委员会高等职业教育专业委员会提出的《建设类高等职业教育专业教材编审原则意见》，以及教育部组织制定的《高职高专教育基础课程教学基本要求》、《高职高专教育专业人才培养目标及规格》、《高等职业教育供热通风与空调工程专业教学基本要求》，由全国高职高专教育土建类专业教学指导委员会组织编写。

自2005年第一版出版至今已10年，经过多次重印。10年以来，社会发展对空调环保和节能提出了更高的要求，这些要求已逐步在工程设计、设备制造和施工工艺中得以体现。为了适应空调技术的发展，本书以第一版为蓝本，结合高等职业教育特点和教学改革基本要求，在保留第一版体系的基础上，对书中内容作了较大幅度的修订，主要具有以下特点：

1. 内容与本系列"供热通风与空调工程技术"专业教材相关内容等相互衔接。通过空调系统调试与试运行工艺主线联系各课程主要知识点，使整个专业课程体系更加缜密与充实。

2. 注重介绍国家、行业有关空调工程技术规程和验收标准的应用和执行。通过阐述工艺方法提供大量相关规程和标准的信息，有利于培养学生查阅和应用相关规程、标准的能力。

3. 书中所阐述空调系统调试与试运行工艺方法在总结成熟技术的基础上，注意吸收已知且可靠的先进技术，兼收并蓄，遴选优化。工艺方法实用和具有可操作性。既便于学生学习，也便于现场施工人员理解和实施。

4. 本书全面纠正了第一版存在的错误和表达不妥之处，增加了包括氨制冷系统在内的制冷管道系统气密性试验最新理论和工艺方法，以及地源热泵技术、模块式机组和节能维护保养技术等内容。

5. 本书从机组的启动、运行调节、常见故障及处理方法等方面系统地介绍空调系统在投入使用后的运行管理与维护。

参加本书第二版编写修订的有：四川建筑职业技术学院刘成毅（教学单元1、2、5），刘成毅、刘昌明（教学单元3），毛辉（教学单元4、6），全书由刘成毅、毛辉合作编著。

本书第二版编写过程中参阅了大量的文献资料，使本书内容丰富充实，在此一并向诸位原作者致以衷心感谢。

限于编者学术水平和实际经验，书中难免有不妥之处，竭诚希望读者批评指正。

第 一 版 前 言

本书是全国高职高专教育土建类专业教学指导委员会规划推荐教材。全书共分六章，内容包括大、中型空调系统安装试运行调试和工作运行的日常管理与维修保养两部分。高等职业教育"供热通风与空调工程技术"专业主要培养在施工现场第一线从事安装与调试工作的应用型技术人才，因此本书着重介绍空调系统安装完毕后的试运行调试从准备工作到竣工验收的实施程序和工艺方法。同时第六章也较详细地介绍了空调系统工作运行的日常管理、操作和维修保养基本知识。在内容的安排上注意了这两部分各自的系统性和完整性，又避免了重复且可以相互借鉴。

根据高职教育应突出"实用"的特点，我们在内容的选用和编排上做了一些新的尝试。首先是教材内容与空调工程实际紧密结合，将大量来源于现场第一线的技术和管理信息融入教材。同时我们希望做到：教材各章、节、段的内容编排顺序尽量与工程实际的实施过程一致，各章节的知识点与工程中的技术点一一对应，使知识结构能够比较完整、实用，以适应用人单位对学生毕业即能上岗的要求。但因时间很仓促，有一些设想和内容来不及准备和完善，未能在本书中体现，对此感到遗憾，待以后进一步补充提高。因编者水平有限，书中难免有错误和不妥之处，敬请批评指正。

安排本课程教学应注意与其他课程在时间上的先后关系。本课程要求学生已具备空调、制冷和测控技术等方面的知识。由于教学内容有很强的实践性和技术性，课堂教学后应结合现场实习，让学生将所学知识得以巩固和充实。

本书由刘成毅主编并统稿，副主编为苏德全、毛辉。具体分工是：刘成毅（绪论、第1章第1、5节，第2章第1、2、3节、第5章），商利斌（第1章第2、3、4、6、8节），毛辉（第1章第7节，第2章第4节，第4章第1、5节，第6章第1节），刘昌明（第3章第2、3、4节），苏德全（第3章第1节，第4章第2、3、4节），胡亮（第6章第2节），第6章第3节由毛辉与胡亮合编。山东建筑工程学院张金和教授审校了全书，为本书的编写提出了许多宝贵的意见和建议，内蒙古建筑职业技术学院贺俊杰教授审阅了全部书稿，也提出了许多宝贵的建议，编者向他们表示衷心的感谢。在此也向本书参考文献的作者表示感谢。

目　录

绪　　论

0.1　空调试运行与调试的任务

从世界上第一台具有制冷能力的空调在 20 世纪初诞生以来，空调的发展已有近 100 年的历史，我国最早使用集中空调系统的记录是 20 世纪 30 年代的上海大光明电影院。20 世纪 50 年代至 80 年代，空调在我国主要用于国防、科研和少数工业生产部门。改革开放以来，随着国民经济的飞速发展，空调技术已得到了非常广泛的应用。目前，在影剧院、大型商场、体育馆、高档宾馆和办公楼，以及各种娱乐场所安装空调已经非常普遍，家用空调也正在普及。特别是最近 10 年通过与国外技术的交流和引进，我国空调制造业有了长足的发展，已具备非常强大的研发和生产实力，产品种类和规格与国际同步，许多产品已达到世界先进水平并销往国外。进入 21 世纪以后，根据人们对社会发展和环境保护的新认识，健康、环保、节能等要求已逐步在设备制造和工程设计中得以体现，空气调节技术正处于一个新的发展时期。

空调系统的运行质量首先取决于设计、制造和安装三个方面。先进的设计方案和优良的产品质量是保证空调系统良好工作性能的基础，但系统的最终质量还要靠安装来实现。特别是大中型空调工程，需要把由不同厂家生产的各种类型规格的材料、半成品、成品、部件、设备，通过在现场安装形成完整的系统，并使其稳定、可靠的运行，从而为用户提供符合设计要求的人工环境，这是一个相当复杂的工艺过程。大中型空调安装工程在技术方面涉及机械、电子、制冷、控制等多个专业领域，在施工中要执行和应用多种标准、规范和技术文件，而且工期会长达数月甚至数十个月，这要求施工单位在安装全过程中实行严格的质量控制。

根据《建筑工程施工质量验收统一标准》GB 50300—2013，见表 0-1，大中型空调工程含有三个子分部工程，分别对应空调风系统、制冷系统和冷热媒系统三个子系统。出于节能的目的，在空调风系统和冷热媒系统中还可以设置空气热交换装置和换热管网。实际上，完整意义的空调系统安装还包括电气系统和自动控制与调节系统。前者属于建筑电气分部工程，后者属于智能建筑分部工程。每台设备、每个子系统能否正常工作，整个系统联合运行能否达到设计要求，这不可能完全由安装中静态质量检查与控制来保证，有一些缺陷和故障隐患也无法在静态被发现，因此空调工程正式投入使用前必须经过试运行与调试。空调系统试运行与调试一般分两个阶段，其主要任务是：

（1）第一阶段，实现设备与系统由静到动的转换，进行单机与子系统试运行与调试，以及全系统无负荷联动试运行与调试，主要检查制造与安装的质量，排除故障和隐患，使各子系统协调工作，与负荷无关的主要技术指标达到设计要求，该过程由施工单位负责。

（2）第二阶段，主要发现和解决设计中存在的问题。系统一般应带负荷运行，通过调整，使空调系统在满足工艺条件的前提下，全面实现设计的各项技术经济指标。该过程也称系统综合效能测定与调整，由建设单位负责，设计、施工单位配合工作。

通风与空调分部工程的子分部划分　　　　　　　　　　表 0-1

子分部工程	分　　项　　工　　程	
送、排风系统	风管与配件制作	空气处理设备安装，消声设备制作与安装
防、排烟系统	部件制作	防排烟风口、常闭正压风口与设备安装
除尘系统	风管系统安装	除尘器与排污设备安装
空调风系统	风管与设备防腐	空气处理设备安装，消声设备制作与安装，风管与设备绝热
净化空调系统	风机安装 系统调试	空气质量控制系统、空气处理设备安装，消声设备制作与安装，风管与设备绝热，高效过滤器安装
空气能量 回收系统	空气能量热回收装置安装，新风导入管道安装，排风管道安装，空气过滤系统的安装，空气能量回收装置系统运行试验及调试	
制冷系统	制冷机组安装，制冷剂管道及配件安装，制冷附属设备安装，管道及设备的防腐与绝热，系统调试	
空调水系统	管道冷热（煤）水系统安装，冷却水系统安装，冷凝水系统安装，阀门及部件安装，冷却塔安装，水泵及附属设备安装，管道及设备的防腐与绝热，系统调试	
地源热泵系统	埋地管换热系统，地下水换热系统，地表水换热系统，建筑物内系统，整体运转、调试	

空调工程施工作为一个生产过程，安装完成的空调系统就是产品。作为生产者，完成产品的试运行调试是施工单位的责任。在第一阶段，所有单机设备需要启动试运行，各子系统和全系统需要联合调试。虽然有的重要设备是由生产厂家派人试运行，但由于施工单位承担了全部工程的安装工作，最熟悉工程的具体情况，具有组织多专业、多工种技术力量配合的能力，必定是整个工作的主持者。在试运行调试中，如果设计、制造或安装被检查发现有问题，应该由责任方负责解决。由于不带负荷，第一阶段主要检查制造与安装的质量，调试系统的运行状态。试运行调试所有规定的检测和调试项目应该达到国家现行规范的质量标准。在第一阶段试运行与调试合格以后，工程可以进入竣工验收程序。

第一阶段试运行与调试合格，并不能说明系统在负荷条件下就一定能达到设计的技术指标。第二阶段主要检查在带负荷条件下空调系统的运行情况。当某些指标达不到设计的要求时，还需进一步调整。由于需要空调系统服务的对象也处于工作状态，特别是工艺性空调，其效能测定与调整和车间生产有联系又有矛盾，因此应掌握好第二阶段试运行与调试的时间，宜安排在生产设备试运行或试生产阶段，当然这项工作只能由建设单位（或业主）来组织和实施。空调系统综合效能测定和调整的具体项目内容的选定，应由建设单位或业主根据产品工艺的要求进行综合衡量为好。一般以适用为准则，不宜提出过高的要求。第二阶段试运行与调试合格以后，可以进入工程移交程序。

空调工程、特别是大型工程的试运行与调试涉及项目多，技术难度大，持续时间也比较长。而且实施过程中建设、施工、设计以及监理单位与供应商要分别履行自己的责任。

本书的目的之一是帮助学习者了解在空调试运行与调试过程中工程参与各方的职责，领会整个过程的实施程序，掌握操作的基本方法。

0.2　空调系统运行管理的意义与现状

空调工程移交以后，其保修期为两个采暖期和供冷期。在此期间出现的问题，要分析是由于设计、制造、安装或是使用的原因，由责任方承担经济损失，而安装单位将履行保修职责。但使用单位也应对空调系统的运行制定完善的管理制度，安排专职人员对空调系统进行日常运行管理和维护保养工作。使用单位对人员的培训宜提前到空调设备安装阶段完成，通过参与空调系统的试运行与调试，以及在保修期配合安装单位工作，为以后的运行管理和维护保养积累经验。

对空调系统的运行管理，是继系统设计、设备制造和施工安装之后，第四个决定空调系统运行质量的重要环节。实践证明，空调系统管理人员具有良好的技术素质和责任心，在运行中执行正确的管理制度，可以及时发现和消除事故隐患，延长设备的使用寿命，使空调系统长期保持良好的技术状态。对于工艺性空调和净化空调，因其为生产和科研服务，运行状态将直接关系到产品的质量或科学研究的成败。对用于生物试验的净化空调系统，出现故障还可能造成灾难性后果。因此这类空调系统都应有健全的运行管理制度和技术良好的管理与操作人员。而对使用更广泛的大中型舒适性空调系统，使用单位普遍还未给予足够的重视。多项调查表明，许多空调系统运行都存在各种各样的问题，甚至有的故障已使房间无法实现正常的空气调节，而系统仍在盲目运行使用。我国某高校在对某一地区中央空调使用情况调查中竟发现有一单位空调系统的 31 个风机盘管，电磁阀卡死就有15 个。还有的用户不熟悉空调的自动控制与节能系统，无法使这部分设备正常工作，造成对该部分的投资无法取得预期的效果。出现这种现状的另一个主要原因是缺乏从事空调系统运行管理的技术人才。前面已经讲到，空调系统具有设备多、技术先进、涉及专业广等特点，一般短期培训难以掌握技术要领。因此使用单位对制造厂生产、施工单位安装的成品质量，只是被动地接受，不能积极主动进行维护和保养。空调系统"带病"运行司空见惯，不但建筑室内环境无法满足要求，设备使用也达不到设计的寿命，甚至可能由"小病"酿成大事故，使国家和人民的财产遭受不应有的损失。众多空调系统运行管理不善，也会造成大量的能源浪费。我们希望这种现状尽快得以改善。高职院校供热通风与空调工程技术专业培养的学生，应该既能到安装施工第一线，又能适合空调系统运行管理的工作，本书也希望为培养这方面人才提供必备的基本知识。随着建筑物业管理的发展，大量懂理论、有技术的高职院校毕业生充实到该领域后，应该使空调系统的运行管理，乃至整个建筑设备物业管理的水平得到较大提高。

教学单元 1 空调测试仪表与使用方法

【教学目标】通过本单元教学，使学生理解测量误差分析的基本理论，了解空调系统在试运行与调试中常用的测量仪表，掌握仪表选择和使用方法。

空调系统在试运行与调试过程中要进行多项测量。测量工作能否顺利完成，测量精度能否满足要求，将取决于对测量仪表的选择和使用两个方面。因此，测试人员应该熟悉空调测试常用仪表，了解它们的结构组成、工作原理和基本特性，掌握正确的使用方法，并能对其测量数据的精确性进行分析和判定。本章介绍测量误差分析基本理论和空调系统测试中常用的仪表及使用方法。

1.1 测量仪表的基本特性

1.1.1 测量误差与测量精度

1. 测量误差及分类

任何测量都必定存在误差。测量误差是指对被测量进行测量时，测量结果与被测量真值之间的差异。测量误差根据其性质可以分为三类，即系统误差、随机（偶然）误差和过失误差。

（1）系统误差。其特点是在相同测量条件下，对同一被测量进行多次测量，产生的误差大小正负保持不变，或按一定规律变化。系统误差可以消除，例如用高精度级量仪检定其误差值并绘制修正表等，从测量结果中剔除系统误差。对测量仪表细心的保存、安装和使用也是避免产生系统误差的有效措施。

（2）随机（偶然）误差。是指在相同测量条件下，对同一被测量进行多次测量时，因受到大量微小的和无法掌控的随机因素的影响而产生的误差。测量中这种误差的大小正负变化没有一定规律，无法修正或消除，这种误差称随机误差或偶然误差。随机误差是误差理论研究的对象。在等精度测量中，随机误差服从统计规律。随着测量次数的增加，随机误差的算术平均值将逐渐接近于零，因此，多次测量结果的算术平均值 $\bar{x}$ 将更接近于真值 X。

（3）过失（粗大）误差。这种误差是由于测量者粗心大意或操作不正确所造成的，如读错、记错、算错等产生的误差，其误差值往往较大，因此也称粗大误差。此类误差有时容易发现，有时则很难发现，一般用换人复测的方法可以避免，也可以采用数理统计分析方法予以剔除。

2. 测量精度

测量精度指测量结果与真值的接近程度，与测量误差对应，可以从三个方面进行描述，即准确度、精密度和精确度。

（1）准确度反映系统误差对测量结果的影响，系统误差大即准确度低。

（2）精密度反映随机误差对测量结果的影响，随机误差大即精密度低。

（3）精确度同时反映系统误差和随机误差对测量结果的影响。

测量中应该避免出现系统误差和过失误差。如果测量中无过失误差，已经修正或消除了系统误差，对未发现或未掌握其规律的系统误差作为随机误差处理，那么测量精度就只涉及随机误差。针对随机误差存在的必然性、不可预知性和不稳定性，可应用基于数理统计理论的误差分析方法对测量数据组进行分析处理。

3. 随机误差的处理方法

对被测量进行有限 n 次等精度测量，测量值数据组（x_1、x_2、……x_n）的算术平均值按下式计算：

$$\overline{x} = \frac{x_1 + x_2 + \cdots + x_n}{n} = \frac{\sum\limits_{i=1}^{n} x_i}{n} \qquad (1-1)$$

在工程测量中，随机误差均可认为服从正态分布规律，正态分布的概率密度函数为：

$$f(\delta) = \frac{1}{\sigma\sqrt{2\pi}} e^{-\frac{\delta^2}{2\sigma^2}} \qquad (1-2)$$

式中　$f(\delta)$——随机误差的概率密度函数；

　　　　δ——随机误差；

　　　　σ——随机误差的标准误差；

　　　　e——自然对数的底。

服从正态分布的随机误差具有如下特性：

（1）单峰性：误差绝对值越小，出现概率越大；误差绝对值越大，出现概率越小。

（2）对称性：绝对值相同，符号相反的误差出现的概率相等，曲线具有对称性。

（3）有界性：在一定的测量条件下，随机误差的绝对值一般不会超过一定界限，称为误差的有界性。例如，随机误差落在 $[-3\sigma, 3\sigma]$ 区间的概率为 99.73%。

（4）抵偿性：当测量次数 $n \to \infty$ 时，随机误差总和为零，即正误差和负误差的绝对值相等，互相抵消。这是增加测量次数可以提高测量精度的理论依据。

如图 1-1 所示，正态分布曲线的形状由测量数据的标准误差 σ 的大小决定。由式（1-2）可知，当 σ 愈小时，曲线呈窄而高形状，说明数据集中，误差小，即测量的精度高。反之，σ 愈大，曲线则宽而低，说明误差大且分散，即测量的精度低。因此，σ 反映了测量的精密度，是评定测量精度的一个重要参数。

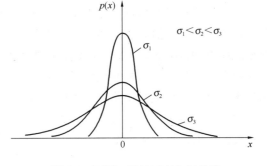

图 1-1　不同 σ 值的正态分布曲线

由于被测量真值实际上无法测得，故一般常用多次重复测量所得的测量值的算术平均值 $\overline{x}$ 作为真值的近似值，各测量值 x_i 与算术平均值之差，称为残差 υ_i（或剩余误差），即：

$$\upsilon_i = x_i - \overline{x} \qquad (1-3)$$

有限 n 次等精度测量时，标准误差 σ 可由下式（1-4）计算。

$$\sigma = \sqrt{\frac{\sum\limits_{i=1}^{n} \upsilon_i^2}{n-1}} = \sqrt{\frac{\sum\limits_{i=1}^{n}(x_i - \overline{x})^2}{n-1}} \tag{1-4}$$

一般测量中常将 3σ 作为判别过失误差的依据，3σ 也称为极限误差。检查测量数据组中的残差 υ_i，若 $|\upsilon_i| > 3\sigma$，应将该次测量值剔除，并重复式（1-1）、式（1-3）、式（1-4）的计算。根据随机误差的抵偿性，随着测量次数的增加，等精度测量数据组的算术平均值 $\overline{x}$ 必然趋近于被测量真值。算术平均值的标准误差计算公式为

$$\sigma_{\overline{x}} = \frac{\sigma}{\sqrt{n}} \tag{1-5}$$

由式（1-5）可知，算术平均值的标准误差 $\sigma_{\overline{x}}$ 要比单次测量的标准误差 σ 小 $\sqrt{n}$ 倍，若重复测量 4 次，测量结果算术平均值的测量精度比单次测量提高一倍。n 刚开始增加时，$\sigma_{\overline{x}}$ 减小很快，所以增加测量次数，可以提高测量精度。但当 n 超过 10 时，$\sigma_{\overline{x}}$ 减小将极为缓慢，此时再增加测量次数已无意义，一般测量可重复 4～6 次为宜，如需再提高测量精度只有更换精度等级更高的测量仪器。

取置信概率为 99.73%，测量的算术平均值的极限误差为 $3\sigma_{\overline{x}}$，得到测量结果表示式为

$$x = \overline{x} \pm 3\sigma_{\overline{x}} \tag{1-6}$$

1.1.2 测量仪表的基本特性

空调系统运行调试的检测中，被测量往往是动态量。例如，即使是处于稳定运行的空调系统，因负荷变化和各种干扰的影响，室内温度并不恒定，对室内温度多次重复测量，是为了获得实际室内空调温度基数和波动范围（即空调精度）。重复测量不同瞬时的空气温度，数据组中包括了被测量本身的变化，也含有测量误差，但要求测量误差不会影响对被测量值大小和变化的判别。对被测量进行测量，测量者操作认真负责和对测量结果进行数据处理可以提高测量精度。但测量结果的可靠程度主要取决于测量仪表的性质。下面介绍测量仪表的基本特性。

1. 测量仪表的精度

测量仪表的精度影响测量精度，但二者的含义不同。要了解测量仪表的精度应先了解测量仪表的绝对误差和百分误差概念。绝对误差是测量值（仪表读数）与被测量真值之差的绝对值。由于真值无法获知，可采用约定真值或相对真值代替。例如，等精度测量中剔除系统误差和过失误差后，多次测量的算术平均值可作为约定真值。在仪表检定中一般采用相对真值代替。相对真值也称标准值，是用精度高 3～5 倍的标准仪表测量的结果。测量仪表校检中各点绝对误差的最大值为测量仪表的绝对误差，用 Δ_m 表示。测量仪表最大允许误差是评定仪表是否合格的重要指标。绝对误差 Δ_m 是仪表检定中与最大允许误差进行比较的依据。百分误差则为：

$$\eta = \pm \frac{\Delta_m}{L_a - L_b} \times 100\% \tag{1-7}$$

式中　η —— 百分误差；

L_a、L_b —— 测量仪表的刻度上限与下限。

百分误差也称最大引用误差，其绝对值去掉"%"后剩下的数字为仪表的精度。我国仪表工业目前采用的精度等级系列为：0.005、0.01、0.02、(0.035)、0.04、0.05、0.1、

0.2、（0.35）、0.5、1.0、1.5、2.5、4.0、5.0。不同用途的测量仪表，系列中会有个别精度等级略有差别。如压力表有 1.5 和 1.6 两种精度等级。使用中的 1.5 级压力表允许误差按 1.6 级计算，准确度等级可不更改。

【示例 1-1】 某测温仪表的测温范围为 200～1000℃，校验时得到的最大绝对误差为 5℃，试确定该仪表的精度等级。

【解】 由式（1-7），该仪表的百分误差为

$$\eta = \pm \frac{5}{1000-200} \times 100\% = \pm 0.625\%$$

去掉"％"后的绝对值为 0.625，处于 0.5 与 1.0 级之间，精度等级应定为 1.0 级。

若已知仪表精度等级，根据量程可反算最大允许误差并作为绝对误差 Δ_m。仪表精度也称为仪表准确度，有时也用仪表的绝对误差直接定义仪表准确度。在理解测量仪表精度等级概念时应注意以下几点：

（1）测量仪表的绝对误差与被测量的大小无关。例如，某一温度仪表的精度为 1.0 级，测量范围为 50～100℃，如果使用这一温度表来测量温度，无论你测的温度值是 60℃ 还是 80℃，绝对误差 Δ_m 均为 ±0.5℃。

（2）同一精度，不同量程的两台测量仪表，在对同一被测量进行测量时，产生的绝对误差 Δ_m 可能不同。例如，两只精度均为 1.0 级的温度计，一个测量范围为 0～50℃，另一个为 0～100℃，用这两只温度计去测同一约 40℃ 的温度值，前者可能产生的绝对误差为 ±0.5℃，后者为 ±1.0℃。因此选用测量仪表时，在满足被测量数值范围的前提下，尽可能选择小量程。一般对波动较大的被测量值，使其在仪表上限或全量程的 1/2～2/3 范围为宜，对较稳定的测量值，可使其处于上限或全量程的 2/3～3/4 范围，这样可以减小测量误差。

（3）仪表的精度等级表示可能的误差值大小，但绝不意味该仪表在实际测量中会出现这么大的误差。另一方面，用户不能按自己检定的百分误差随意给仪表升级使用，但可以降级使用。

2. 恒定度

当外部条件不变时，用同一测量仪表对某一被测量进行重复测量时，指示值之间的最大差数与仪表量程之比的百分数为读数变差。读数变差也指当仪表指针上升（正行程）与下降（反行程）时，对同一被测量所得读数之差。变差大小即反映了仪表多次重复测量时，其指示值的稳定程度，称为恒定度。仪表读数的变差不应超过仪表的百分误差，如 1.0 级的测量仪表，读数变差不应超过 1％。

3. 灵敏度

灵敏度是表征测量仪表对被测量变化的反应能力。对于给定的被测量，测量仪表的灵敏度用仪表指示值的增量（输出增量，即仪表指针的线位移或角位移等）与引起该增量的被测量增量（输入增量）之比来表示，当输入与输出量的量纲相同时，灵敏度也称为放大比或放大因数。

有刻度盘的测量仪表，被测量的变化可以通过仪表指针位移被测出。较小的被测量变化若引起较大的仪表指针位移则灵敏度高，但被测量的变化波动会影响读数。两相邻刻线间隔所表示的量值差称为分度值。一般要求刻度间隔大于 0.8mm。有经验的测量人员可

以估读 1/3～1/4 分度值。

4. 灵敏度滞阻

灵敏度滞阻又称为灵敏阈或灵敏限，也称分辨率，是指能够引起测量仪表指示值出现可察觉变化的被测量的最小变化值。它表征了仪表响应与分辨输入量微小变化的能力。一般仪表的灵敏度滞阻应不大于仪表绝对误差的一半。

了解以上测量仪表的基本特性，对正确选用测量仪表会有所帮助。但仪表出厂标定的特性参数在使用中会发生变化，测量仪表应按有关规定定期校检。空调系统测试必须使用检定合格并在保证期内的仪表。

【示例 1-2】 精度等级 0.4 级的压力表，量程 0～1.6MPa，分度值 0.01MPa。若要求测量误差不得超过 0.01MPa，试分析该型压力表精度等级是否满足测量要求。

解： 由式（1-7）反算压力表绝对误差 Δ_m 值。

$$\Delta_m = \frac{0.4(1.6-0)}{100} = 0.0064(\text{MPa})$$

压力表绝对误差 Δ_m 为 0.0064MPa，小于测量精度要求，故可满足测量需要。

1.2 温 度 测 量

温度是一个重要的物理量。它是国际单位制（SI）中 7 个基本物理量之一，也是空调测试中的一个重要被测参数。

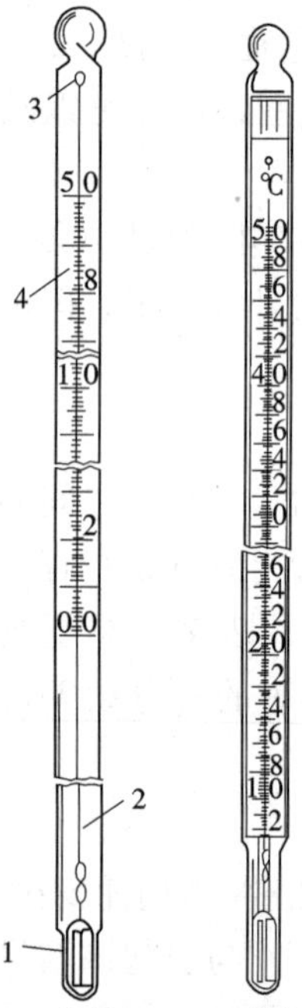

温度不能直接测量，而是借助于物质的某些物理特性是温度的函数，通过对这些物理特性变化量的测量间接地获得温度值。空调系统测试中常用的有玻璃管液体温度计和数字式温度计。

1.2.1 常用测温仪表

1. 玻璃管液体温度计

玻璃管液体温度计是利用液体体积随温度升高而膨胀的原理制作而成。由于液体膨胀系数远比玻璃的膨胀系数大，因此当温度变化时，就引起工作液体在玻璃管内体积的变化，从而表现出液柱高度的变化。若在玻璃管上直接刻度，即可读出被测介质的温度值。为了防止温度过高时液体胀裂玻璃管，在毛细管顶部须留有一膨胀室。玻璃管液体温度计一般多采用水银和酒精作为工作液，其结构如图 1-2 所示，在空调系统中也常作为检测仪表。为防止使用时碰碎玻璃管，通常在玻璃管外罩有金属保护套，图 1-3 是玻璃管温度计在空调制冷系统冷冻水管上的安装。

图 1-2 玻璃管温度计
(a) 外标式温度计；
(b) 内标式温度计
1—温包；2—毛细管；
3—膨胀器；4—标尺

玻璃管水银温度计的工作液体为水银。它的优点是直观、测量准确、结构简单、造价低廉，可用于测量 -30～300℃ 的温度范围，因此应用广泛。但其缺点是不能自动记录、不能远传、易碎、测温有一定迟延。有时在控制系统的温度双位调节中也使用电接点玻璃管水银温度计作为敏感元件。

2. 数字式温度计

便携式数字温度计采用热电偶、热电阻、半导体或集成芯片作为温度传感器，由测量数显仪表、连接导线和感温探头组成，如图 1-4 所示。便携式数字温度计具有使用方便，读数快捷的特点。不同类型数字温度计的感温探头和工作原理不同，必须按照产品说明书的要求使用。

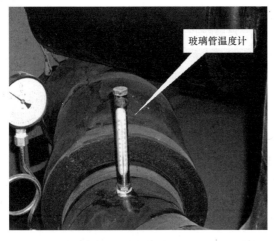

图 1-3　玻璃管温度计在制冷系统冷冻水管上的安装

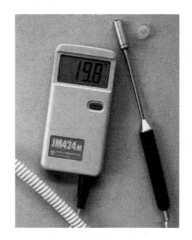

图 1-4　便携式数字温度计

1.2.2　测温仪表的使用

1. 玻璃管温度计的使用

用玻璃管液体温度计测温度，其安装点应位于方便读数、安全可靠的地方。测量管道内的流体温度时，温度计应与流体流向垂直或逆流向安装，如图 1-6 (a)、(b) 所示。并应使温度计的温包处于管道的中心线位置，以便与流体充分接触，测得真实温度。测量过程中应该注意如下几点：

（1）由于玻璃材料有较大的热滞后效应，故当温度计被用来测量高温后立即用于测量低温时，其温包不能立即恢复到起始时的体积，从而使温度计的零点发生漂移，因此会引起误差。

（2）温度计插入深度不够将引起误差。因对温度计标定时，其全部液柱均浸没于被测介质中，但实际使用时却往往会只有部分液柱浸没其中，因而引起温度计的指示值偏离被测介质的真实值，故必须在测量时先将温度计放置于测定点稳定一段时间后再读数。

（3）工作液与玻璃管壁面间的表面吸附力会造成工作液流动的迟滞性，从而降低温度计的灵敏度，甚至出现液柱中断现象，此时可轻弹温度计或手握温包使液柱上升至相互连接后再使用。

（4）读数时视线必须与标尺垂直，并与液柱面处于同一水平面。此外，读数时只能小心转动温度计顶端的小耳环，切不可用手摸标尺或将温度计取出插孔，更不允许用手握住温包来读数，否则将造成极大的误差。

2. 数字式温度计的使用

便携式数字温度计主要用于空调风系统测试，如风口和室内温度测试等。有的数字温度计可配用热电阻和不同分度号的热电偶温度传感器探头，使用时应细读温度计说明。当需要测定固体表面温度时（例如测定电机及水泵、风机轴承盒表面温度），应根据被测物体形状分别选配不同形状的表面温度探头（有的数字温度计配有数种形状的探头供选用）。

使用热电偶温度传感器可能会遇到导线补偿问题。热电偶的测温原理是基于 1821 年塞贝克发现的热电现象。两种不同的导体 A 和 B 连接在一起，构成一个闭合回路，当两个接点 1 与 2 的温度不同时（图 1-5），如 $T>T_0$，在回路中就会产生热电动势，此种现象称为热电效应。该热电动势就是著名的塞贝克温差电动势，简称为热电动势。导体 A、B 称为热电极。接点 1 通常是焊接在一起的，测量时将它置于被测温度场感受被测温度，故称为测量端。接点 2 要求温度恒定，为参考端（也称冷端）。

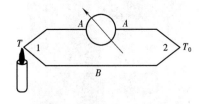

图 1-5　热电效应原理图

热电偶分为标准型和非标准型两类。数字式温度计配用标准热电偶。我国热电偶按国际标准生产，共有 B、E、J、K、N、R、S、T 八种分度号标准型热电偶。其中 B、R、S 属于贵金属热电偶，E、K、J、N、T 属于廉金属热电偶。不同分度号热电偶，材料不同，在冷端温度为 0℃ 时，其热电势与热端温度的关系不同。热电偶与测量仪表连接的补偿导线分为补偿型与延伸型两类。补偿型补偿导线材料与热电极材料不同，常用于贵金属热电偶，它只能在一定的温度范围内与热电偶的热电特性一致；延伸型补偿导线是用与热电极相同的材料制成，适用于廉金属热电偶。不同热电偶所配用的补偿导线也不同，使用热电偶补偿导线时必须注意型号相配，正、负极性也不能接错。

各种温度计不论是出厂前的分度，还是使用中的检定，都是只考虑温度计本身而不考虑使用条件。而且，数字式温度计进行分度和检定时是不带保护套管的。各种温度计在使用时，会遇到各种各样的情况，为了避免产生较大的误差，在安装与使用中要采取各种措施以保证测温的准确性。

（1）数字式温度计的使用注意事项：

1）为减小测量误差，感温元件应与被测对象充分接触，使两者之间进行充分的热交换，最后达到热平衡。

2）表面测温探头与被测物表面应按使用说明要求呈规定角度。被测表面应平整并保持干净，如被测表面粗糙或凹凸不平，可使用导热膏涂抹于被测表面，防止造成感温探头的损坏。用于静止表面的探头不可用于移动表面。

3）热电偶冷端最好应保持 0℃，而在现场条件下使用的仪表则难以实现，必须采用补偿方法准确修正。目前工业用热电偶所配用的测量仪表，一般都带有冷端补偿功能。热电偶利用补偿导线将冷端延伸到测量仪表的接线端子，使冷端与测量仪表的补偿装置处于同一温度，从而实现冷端温度补偿，仪表显示的温度为热电偶热端温度。

4）测量信号传输线在布线时应尽量避开强电区（如大功率的电机、变压器等），更不能与电力线近距离平行敷设。如果实在避不开，也要尽量采用交叉方式或采取屏蔽措施。热电阻温度计连接导线布置还应避免因环境温度的影响产生测量误差。

（2）数字式温度计安装使用原则：

1）根据所测的温度要求，合理选用数字式温度计的量程与精度。测定房间温度和冷冻水进、回水温度时，一般选用的分度值为 0.1℃，以便于分析问题。

2）安装时要注意让测温探头和被测物质充分接触，尤其在测水温时应让探头逆流安装，图1-6为探头常用的安装方式。

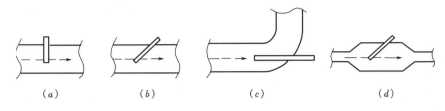

（a）　　　　　（b）　　　　　（c）　　　　　（d）

图1-6　探头常用的安装方式

3）读取数据时要等温度计示值稳定或波动较小时才能读数。要尽可能的快速准确，减少外界因素的干扰。一般情况下，在10min左右读取4～6次数据。

4）分析这4～6次数据，去掉误差较大的数据，然后取其平均值，即为此次测量的实际读数。

1.3　湿　度　测　量

空气湿度是反映空气中水蒸气含量多少的物理量，对空气湿度的测量也就是对水蒸气含量的测量。描述空气湿度的物理量通常有含湿量、绝对湿度和相对湿度。大多数湿度测量仪表都是直接或间接测量空气的相对湿度。常用的湿度测量仪表有：普通干湿球温度计、通风干湿球温度计、氯化锂电阻湿度计和数字式温湿度计。

1.3.1　常用测湿度仪表

1. 普通干湿球温度计

普通干湿球温度计由两支相同的水银温度计组成，其中一支温度计球部温包包有湿纱布，纱布下端浸入盛水的小杯中，结构如图1-7所示。当空气相对湿度RH＜100％时，湿球头部的湿纱布表面水分蒸发带走一部分热量，此时测得的温度是与水表面温度相等的湿空气层的温度，低于干球温度计的读数。空气中相对湿度较小，湿球表面蒸发快，带走的热量也多，干湿球温差则大；反之，相对湿度大，干湿球温差小。当空气的相对湿度RH＝100％时，水分不再蒸发，干、湿球的温差为零。

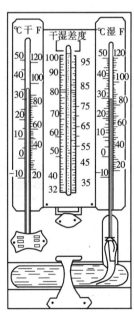

图1-7　普通干湿球温度计

普通干湿球温度计结构简单，价格便宜，使用方便。但周围空气的流速变化，或有热辐射到表面时都会对测量结果产生影响。

2. 通风干湿球温度计

为了消除普通干湿球温度计因周围空气流速不同和有热辐射时产生的测量误差，空调调试过程中的湿度测量可以选用通风干湿球温度计。通风干湿球温度计选用精确度较高的温度计，分度值为0.1～0.2℃。在两支温度计的上部装有小风扇（可用发条或小电动机驱动），温度计周围装上金属保护套管。风扇可以在两支温度计的温包周围形成2～4m/s的稳定空气流速，防止受被测空

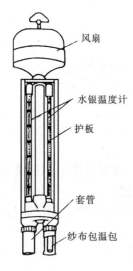

图 1-8　通风干湿球温度计

气流速变化的干扰；保护套管可以防止热辐射的影响。通风干湿球温度计测量空气相对湿度的原理与普通干湿球温度计相同。结构外形如图 1-8 所示。

3. 氯化锂电阻湿度计

某些物质放在空气中，它们的含湿量与所处空气的相对湿度有关，而含湿量大小又引起本身电阻的变化，因此可以将这种物质制成电阻式传感器元件，将空气相对湿度变化转换为元件电阻值的变化。这种方法称为吸湿法湿度测量。

氯化锂（LiCl）是一种在大气中不分解、不挥发，也不变质的稳定离子型无机盐类，其吸湿量与空气的相对湿度成一定函数关系。随着空气相对湿度的增减变化，氯化锂吸湿量也随之变化，空气相对湿度增大，氯化锂的吸湿量也随之增加，电阻减小；当空气相对湿度减小时，氯化锂放出水分，电阻增大。氯化锂电阻湿度计就是根据这个特性制成的。

氯化锂电阻湿度计测头（传感器）分梳状和柱状两种形式。前者的梳状电极（金箔）镀在绝缘板上；后者是在绝缘材料圆形支架上平行缠绕两根铂或铱丝，两根电阻丝并不接触。见图 1-9 (a)、(b)。将测头置于被测空气中，相对湿度变化时，氯化锂中的含水量也要变化，随之两梳状电极或两根电阻丝间的电阻也发生变化，将其输入显示仪表即可得出相应的相对湿度值。氯化锂电阻湿度计测量反应快，灵敏度高，可做远距离测量、自动记录和控制等。

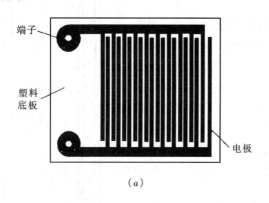
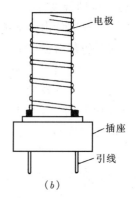

图 1-9　氯化锂电阻湿度计
(a) 梳状；(b) 柱状

4. 数字式温湿度计

使用便携式数字温湿度计可以同时测定室内或风口温、湿度。数字温湿度计有温、湿度分离式探头和温湿度集成式探头两类。温度传感器采用热电偶、热电阻、NTC 热敏电阻等，湿度传感器多采用高分子湿敏材料的电阻式或电容式感湿元件。高分子湿敏电阻的特点是在基片上覆盖一层高分子感湿材料制成的膜，当空气中的水蒸气吸附在感湿膜上时，元件的电阻率和电阻值都发生变化，利用这一特性即可测量湿度。高分子湿敏材料电容式湿度传感器在两极之间夹有一层非常薄的感湿聚合物电介质薄膜。电极非常薄可以使水蒸气通过。聚合物薄膜具有吸湿和放湿性能，而水的电介常数又非常高，当水分子被聚合物吸收后，会使电容器电容量发生变化。聚合物薄膜吸湿和放湿程度随其周围空气相对湿度的变化而改变，因而电容量是空气相对湿度的函数并呈线性关系。电容式湿度传感器具有性能稳定、测湿范围宽（$0\sim100\%RH$）、响应快、线性及互换性能好、寿命长、不怕结露、几乎不需要维护保养和安装方便等优点，是数字式湿度计探头和空调控制系统湿度传感器的理想元件。图 1-10 是使用数字式温湿度计进行空气温湿度测量。

图 1-10　使用数字式温湿度计进行测量

1.3.2　测湿仪表的使用

1. 通风干湿球温度计的使用

（1）湿球温度计温包上包裹的纱布是测定湿球温度的关键，纱布用干净、松软、吸水性好的脱脂纱布，宽度约为温包周长的 1.2～1.3 倍，长度比温包长 20～30mm。将纱布单层包在温包上，用细线将纱布上端扎紧在温包上后缠绕至纱布条下部，以保证纱布条不散开。装保护套管时，注意不要把纱布条挤成团。使用中注意纱布不要弄脏。

（2）湿球湿润水应使用蒸馏水，加入量按温度计说明书要求并应使纱布完全湿润。

（3）提前 10～15min 将通风干湿球温度计放置于测定场所。测量前用滴管将蒸馏水加到纱布条上，不要把水弄到保护套管壁上，以免通风通道堵塞。上述准备工作完毕后，即可将风扇发条上满，小风扇转 2～4min，通道内风速达到稳定后就可以读取温度值。

（4）测量时要经常保持纱布完全湿润。

测得被测环境的干湿球温度后，根据仪表所附干湿球温差与相对湿度对照表，或查 i-d 图可得被测环境相对湿度。

2. 氯化锂电阻湿度计的使用

（1）电阻湿度计每一种测头的测量范围较窄，故测量中应按测量范围要求选用相应的量程。为扩大测量范围可以多测头组合使用。

（2）氯化锂湿敏电阻属电解质类感湿元件。应使用交流电桥测量其阻值。为避免测头上氯化锂盐溶液发生电解，不允许使用直流电源。

（3）使用环境应保持空气清洁，无粉尘、纤维等。最高使用温度 55℃，当大于 55℃时，氯化锂溶液将蒸发。

3. 数字式温湿度计的使用

（1）不同类型的数字式温湿度计可能会有不同测量操作方法，应按照产品说明书要求操作。特别应注意测温上限，不得超过仪表规定值。电容式湿度传感器测温上限一般为 60℃。

（2）当改变测试环境温、湿度时，需等待数分钟后再读取稳定的温、湿度值。当需要测定空气露点和湿球温度时，应选用具有该种功能的仪表。

1.4 压 力 测 量

垂直作用于物体表面单位面积上的总压力称为压强,工程中常将压强称为压力。压力的单位为帕斯卡,简称帕(Pa),$1Pa=1N/m^2$。常用单位还有千帕(kPa)、兆帕(MPa)等。换算关系为:

$$1MPa=10^3 kPa=10^6 Pa$$

被测工质的真实压力称为"绝对压力"。当绝对压力大于大气压力时,若用测量仪表测量并指示其绝对压力与大气压力的差值,该值称为表压力(即被测工质的工作压力),测量仪表称为压力表或压力计。当绝对压力低于大气压力时,绝对压力低于大气压力的值称为"真空度",测真空度的仪表称为真空表或真空计。

在空调系统试运行调试中的压力测试主要有水系统、制冷系统的压力试验,制冷系统真空度试验,风系统风压及压差测试等。水系统和制冷系统压力试验一般利用系统监测用弹簧管式压力表。真空度试验和风系统风压测试可选用液柱式压力计。本节介绍常用的液柱式压力计。

1.4.1 常用液柱式压力计

1. U形管液柱压力计

U形管液柱压力计由"U"字形玻璃管和设置在其中间的刻度标尺构成,如图1-11所示。读数的零点刻在标尺中央,管内的工作液(水、水银、酒精等)充到刻度标尺的零点处。若将压力计的一端承受被测气体压力,另一端与大气相通,此时,管内工作液左右两边液面的垂直高度差 h 为被测压力的表压力 P_g,见图1-12。P_g 按下式1-8计算:

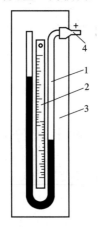

图 1-11 U形管压力计

1—U形玻璃管;2—刻度尺;

3—固定平板;4—接头

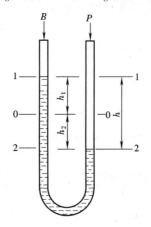

图 1-12 U形管压力
计读数示意图

$$P_g=P-B=\rho gh \tag{1-8}$$

式中 P——被测气体绝对压力,Pa;

P_g——被测气体工作压力(表压力),Pa;

B——大气压力,Pa;

ρ——工作液密度，kg/m^3；

g——重力加速度，m/s^2；

h——液柱高差，m。

若被测介质为液体，建立平衡方程时还要考虑被测液体密度的影响。U 形管液柱压力计适合测量绝对值较大的全压及静压，不适于测量绝对值较小的动压。

2. 倾斜式微压计

倾斜式微压计也称斜管压差计，原理上属单管式压力计。如图 1-13 所示，它由一根可调整倾斜角度的玻璃毛细管和一个大截面积的杯状容器组成，两者互相连通。容器内注入表面张力较小的液体（酒精）。容器接口称相对高压接口，玻璃毛细管接口称相对低压接口。当相对高压的被测气体压力与容器接口接通时，容器内的液面稍下降，而与相对低压气体相通的倾斜管一侧液面移动距离却很大，这样就提高了仪表的灵敏度和读数的精度。设倾斜管与水平面的夹角为 α，容器内液面下降值为 h_2，倾斜管液面升高值为 h_1，则倾斜管液柱相对容器液面的高度为：

$$h = h_1 + h_2 = l \cdot \sin\alpha + h_2 \tag{1-9}$$

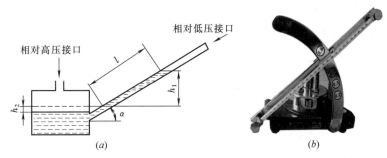

图 1-13 倾斜式微压计

（a）倾斜式微压计原理图；（b）倾斜式微压计

由于杯状容器截面积远大于倾斜管截面，因此 h_2 可忽略不计，式（1-9）可写成：

$$h = l \cdot \sin\alpha$$

所测两接口压力差为：

$$\Delta P = g \cdot \rho \cdot l \cdot \sin\alpha \tag{1-10}$$

式中　ΔP——两接口压力差，Pa；

　　　g——重力加速度，m/s^2；

　　　ρ——液体密度，kg/m^3；

　　　l——测压管液面上升长度，m；

　　　α——测压管与水平面夹角。

当相对低压接口接通大气时，所测压力差为表压力。如果微压计中用固定的液体，其密度不变，令系数 $K = g \cdot \rho \cdot \sin\alpha$，式（1-10）可简化成：

$$\Delta P = K \cdot l \tag{1-11}$$

倾斜式微压计的 K 值多为 0.2、0.3、0.4、0.6、0.8 五档，直接标在仪器的弧形支架上。可以根据测定的压力大小选择合适的 K 值，但必须用仪器指定的液体。一般微压计倾斜玻璃管上读数 l 为毫米单位，此时式（1-11）右边应乘以 10。

1.4.2 液柱式压力计的使用方法

在空调系统风压测试中，U形管式压力计和倾斜式微压计与毕托管配合使用。以上两种液柱式压力计使用方便，一般也不必校检。当工作液面不在零位时，可用实际液面作为零位，读数后再扣除偏差。

1. U形管液柱压力计的使用

（1）选择距测压点较近且无振动、碰撞的地方将U形管压力计垂直悬挂稳固。

（2）测压前首先将工作液体充入干净的U形管压力计中，最好使两管液面高度处于零位，若有偏差可调中间刻度标尺，标尺不能调时应做好记录，以便修正。

（3）测表压力时，将被测点的压力用胶管接到压力计的一个接口，另一个接口与大气相通；测量压差时，将两个测点的压力分别接到压力计的两个接口上。

（4）读数时，视线应与液面平齐，两管液柱面都应以顶部凸面或凹面的切线为准。

U形管水银液柱真空计可以用于制冷系统真空度试验。此类仪器为定型产品，水银已注入管内，为防止水银流出，接口用橡胶塞密封，要将真空计直立后才能拆去。使用时要严格按说明书操作。

2. 倾斜式微压计的使用

（1）倾斜式微压计平放，先将工作液体（多用酒精）充入干净的杯状容器内，液柱应进入倾斜玻璃管。

（2）选好K值，将倾斜玻璃管稳固固定。调整底座支腿使之水平（观察底座上水准器气泡应居中）。

（3）记录好玻璃管上液柱液面高度对零位的偏差，该值是对测量结果的修正值。

（4）倾斜式微压计的接管与U形管液柱压力计相似，但一定要让比较压力中的相对高压引至相对高压接口。

使用液柱式压力计要注意两个问题，一是使用不同工作液，测量范围、分度值和灵敏度都会有很大变化。如U形管液柱压力计用水银或水，测量范围相差十多倍。二是同一类工作液，浓度不同会引起测量误差。如倾斜式微压计用不同浓度的酒精，可能会使测量误差超过仪器精度。另外，测定完毕后应将工作液体倒回存放容器，仪器妥善保管。

1.5 流速与流量测量

空调系统安装与试运行中需要测试的流速和流量有：空调房间与风管内的风速、风管的送风量、风管系统与组合式空调机组的漏风量，以及冷却与冷冻水的流量等。一般总管水流量可以直接用水系统上安装的流量计测量，干、支管水流量可以采用外缚式超声波流量计测量。漏风量测量要使用标准孔板或标准喷嘴等节流装置。组合式空调机组和风管现场漏风量测试可按照国标《组合式空调机组》（GB/T 14294）附录B和《通风与空调工程施工及验收规范》（GB 50243）附录A的规定组装测试装置。本节仅介绍毕托管、叶轮风速仪和热球风速仪。

1.5.1 常用测速仪表

1. 毕托管

毕托管实际是测压管，使用时一定要注意接管与测孔的对应。外套管接管是静压接管，内管是全压接管，图 1-14 清楚地表示了测孔与接管的关系。

假设在风管内某点测得全压为 P_q，静压为 P_j，则动压为 $P_d = P_q - P_j$。该点空气流速 υ 为：

$$\upsilon = \xi \sqrt{\frac{2P_d}{\rho}} \qquad (1\text{-}12)$$

式中 ρ——空气的密度，kg/m³；

　　ξ——考虑气流流过毕托管时的能量损失修正系数。

空气的密度可由式（1-13）计算。由式（1-13）可知，在测定空气动压的同时，还需测量空气温度、相对湿度和当地大气压力，饱和水蒸气分压力可查焓湿图

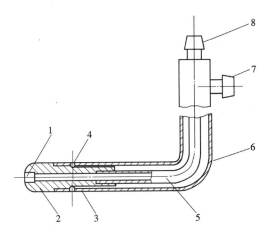

图 1-14　毕托管
1—全压测孔；2—测头；3—外管；4—静压测孔；5—内管；6—管柱；7—静压接口；8—全压接口

获得。由于上式中大气压力 B 要比饱和水蒸气分压力 $P_{q.b}$ 大得多，因此式（1-13）中第二项也可略去不计。

$$\rho = 0.00348\frac{B}{T} - 0.00132\frac{\varphi \cdot p_{q.b}}{T} \qquad (1\text{-}13)$$

式中 ρ——湿空气密度，kg/m³；

　　B——当地大气压力，Pa；

　　T——测得湿空气绝对温度，K；

　　φ——测得湿空气相对湿度；

　　$p_{q.b}$——饱和水蒸气分压力，Pa。

合理设计的毕托管，ξ 约为 $1.02 \sim 1.04$，也就是说：不考虑 ξ，υ 将比实际值偏小 2%～4%，因此工程上多把 ξ 近似取 1。用毕托管测空气流速要先测空气动压，因此应与倾斜式微压计配合使用。数字式皮托管风速仪配有差压计及显示仪表，可测定气体压力、流速和风量，在通风、空调和净化系统测试中普遍使用。

2. 数字式叶轮风速仪

图 1-15　数字式叶轮风速仪

数字式叶轮风速仪将叶轮转速转换成电信号，并配有数字显示仪表，具有携带、使用方便的优点。图 1-15 为分离风扇式。目前使用的数字式叶轮风速仪多可同时测量风速和温度，输入管道截面积可计算流量，并带时间段和多点平均值计算功能，计算风量、风速和温度的平均值，显示最大值和最小值。

3. 热电风速仪

热电风速仪根据测头的结构不同，可分为热球式和热线式。当热电偶和电热线圈不接触而由玻璃球固定在一起时为热球式风速仪。空调系统

测试中常用热球风速仪，图 1-16 是热球风速仪的原理图。图 1-17 是常用便携式热球风速仪。热球风速仪的测头是将镍铬线圈和测量热球温度的热电偶一同置于玻璃球内（玻璃球的直径约 0.8mm）。当通过镍铬线圈的加热电流一定时，玻璃热球测头的温度将随风速的大小而变化，风速越大，球体散热越快，其温升越小，玻璃热球测头的热电偶产生的热电势也越小；反之，风速越小，球体散热越慢，其温升越大，测头内热电偶的热电势也就越大。热电势的大小通过测量仪表转换成相应的电流，由显示仪表指示出来。在表盘上可直接读出风速值。热球风速仪使用方便，反应灵敏度高，测速范围一般为 0.05～30m/s。

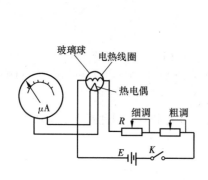

图 1-16　热球风速仪原理图

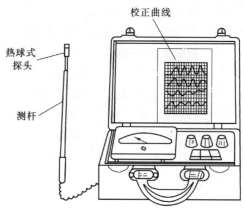

图 1-17　便携式热球风速仪

1.5.2　常用测速仪表的使用方法

1. 毕托管的使用

用毕托管测量流速时，测点的选择与布置对测量精度的影响较大。选择与布置测点时，通常采用等面积分区法，即将被测风管截面按面积相等的原则分成若干小区，具体方法见后续教学单元 5 第 2 节内容。

用毕托管测进风管（负压）时，测全压或静压的接管都应该连倾斜式微压计的玻璃毛细管相对低压接口，容器相对高压接口通大气；测动压时全压接管接容器相对高压接口，静压接管接玻璃毛细管相对低压接口。测风机出风管（正压）时，测全压或静压的接管都应该连倾斜式微压计容器的相对高压接口，玻璃毛细管相对低压接口通大气；测动压时与进风管相同。全压、静压及动压值均在微压计的玻璃毛细管上以液柱长度显示。使用毕托管时还应注意以下问题：

（1）被测流体的流速不能太小，因为流速太小会使动压太小，二次仪表的指示不准确，因此一般要求其空气流速应在 5m/s 以上。

（2）为了避免毕托管对被测流体的干扰过大，应保证毕托管的直径与被测管道的直径之比小于 0.02～0.04。

（3）被测管道的相对粗糙度（绝对粗糙度与管内径之比）应不大于 0.01。

（4）测量时应确保全压孔迎着流体的流动方向，并使其轴线与流体流动的方向一致，偏斜不得超过 6 度。

（5）应防止测孔堵塞，否则将引起很大的测量误差。

2. 叶轮风速仪的使用

数字式叶轮风速仪叶轮转动时，叶轮的轴杆运转圆形磁铁的数个电磁极，由磁铁旁的霍尔传感器感测磁场中电磁极的转变信号，产生一个脉冲系列，再经检测仪转换处理，即可得到风速和旋转方向。保管和使用中应避免振动和撞击损伤轴承和电磁感测装置，导致增加运转阻力和产生测量误差。测定栅格风口时，应选用有栅格修正功能的叶轮风速仪，先测量栅格覆盖风口的比例，并在仪表上设置栅格因子与之一致。

3. 热球风速仪的使用

使用前要仔细阅读说明书，详细了解操作方法。热球风速仪的测头易损坏，应细心保护。使用时应注意以下几点：

（1）换用新电池，电池电量不足会产生测量误差。使用多台热球风速仪时，要避免测头混用。热球沾灰或有污物，影响散热也会产生测量误差，应在冷态用棉签酒精轻轻洗净。

（2）使用前应检查指针是否指在零点，如有偏移，应进行机械调零。然后利用面板上的粗调和细调旋钮进行满度调节和零位调节，确保电表能指到满刻度和零刻度。调校仪表时测头一定要收到套筒内，以保证测头处于零风速状态。

（3）测量过程中，应将测杆中的测头轻轻拉出，且将测头上的红点对准风向。

（4）测量结果应利用仪表所附的校正曲线对电表读数进行校正后获得（目前使用的热球风速仪大多可在表盘上直接读取风速）。

使用完毕后应取出电池，以免电池损坏后仪器受腐蚀。仪器要放在通风、干燥、没有腐蚀性气体及强烈振动和不受强磁场影响的地方。

用叶轮风速仪和热球风速仪是测风速，在测出风管截面平均风速后，再计算出通过风管的风量。

1.6 噪声测量

1.6.1 声级计的使用

根据国标《通风与空调工程施工质量验收规范》GB 50243 的规定，空调系统运行调试时对空调室内和空调设备（如冷却塔）有噪声测量和评定要求。根据国际电工委员会IEC651 标准，声级计按测量精度和稳定性分为 0、Ⅰ、Ⅱ、Ⅲ四种类型。一般工程测量使用Ⅱ、Ⅲ类型普通声级计。噪声测量常用声级计如图 1-18，由传声器、衰减器、放大器、计权网络、检波电路及指示表等组成。主要功能键有：

1. 声级频率计权 A/C 选择键

由于 A 计权网络对于高频声反应敏感，对低频声衰减强，这与人耳对噪声的感觉接近，测定空调设备与环境噪声时采用 A 声级作为评定指标，测得的计权声压级记作 dB（A）。

2. 量程选择键

声级计量程选择键也称量程开关。一般根据声级设置有"高（H）"、"低（L）"档或多档。仅分高低档的可先置于"低"档试测，多档级先置于中间档试测。如声级过高或过低，则根据仪表指示调换档位（如过载指示灯闪亮，或 LCD 显示等），智能数字式声级计具有自动换挡功能。

3. 时间计权选择键

一般测量采用快挡"F"时间计权，如果读数变化较大，可采用慢档"S"时间计权。如果被测噪声是脉冲噪声，则时间计权应选脉冲档（I）。

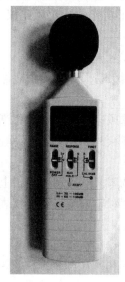

4. 最大声级保持键

按一下声级计最大声级保持键（MAX 键），显示器会出现相应记号（如"＋"号），声级计处于最大值保持测量状态。这时，只有当更大声级到来时，该读数才会改变（升高），否则将予保持。再按一下该键，"＋"号消失，声级计又回到测量瞬时声级状态。

声级计使用前应细读说明书，正确连接传声器和前置放大器（图 1-18 中上端瓶颈部分）。现在使用的声级计具有良好的稳定性，无需经常校准。如需校准，应按照说明书规定的方法和参数使用声级校准器进行操作。

1.6.2 声级计测量噪声的方法

对不同要求的噪声检测和分析应采取不同的测量方法。下面仅介绍对空调房间和设备噪声的现场声压级测量。

图 1-18　TES-1350A
型声级计

1. 室内噪声测量

对室内噪声检测的测点位于房间中央。房间较大时，每 50m^2 设一点，测点位于区域中央，距地面 $1.1 \sim 1.5 \text{m}$ 高度，或者按工艺要求。对稳态和近似稳态噪声用快挡读取示值。对不稳定噪声一般用慢档。

噪声检测时要排除本底噪声（即环境噪声）对测量的干扰。如果被测声源噪声与本底噪声相差在 10dB 以上，本底噪声影响可忽略不计。如果两者相差不到 10dB，应扣除本底噪声干扰修正量。对背景噪声的修正值见表 1-1。

本底噪声修正值 *K*　　　　　　表 1-1

测得的机组噪声声压级与背景噪声声压级之差（dB）	*K* 值（dB）	测得的机组噪声声压级与背景噪声声压级之差（dB）	*K* 值（dB）
＜6	测量无效	9、10	0.5
6～8	1.0	＞10	0

多点测量平均声压级 $\overline{L}_p$ 由式（1-14）计算。

$$\overline{L}_p = 10 \lg \frac{1}{N} \left(\sum_{i=1}^{N} 10^{0.1 L_{pi}} \right) \tag{1-14}$$

式中　$\overline{L}_p$——多点测量平均 A 计权或频带声压极，dB；

　　　L_{pi}——对背景噪声修正后的第 i 点 A 计权或频带声压级，dB；

　　　N——测点数。

2. 空调设备噪声测量

对于现场设备的噪声测定可参照《采暖通风与空气调节设备噪声声功率级的测定-工程法》GB 9068 及《制冷和空调设备噪声的测定》JB/T 4330 的规定，或采用以下方法。

（1）对于安装在室内的立柜式空调机组，当制冷量小于或等于 28kW 时，将噪声仪置于机组正面，距离 1m，离地面 1m 处测量。

（2）制冷量大于 28kW 时，布置正面、侧面三个测点，如图 1-19（a），由三点测量读数计算平均声压值。

（3）对于室内安装的吊顶式和顶棚以上暗装式空调机组，可参照图 1-19（b）、（c）布置测点。

（4）安装在室外的机组，侧出风时测点平面布置如图 1-19（a），顶出风时测点平面布置如图 1-19（d）。测点高度均为机组高加 1m 的总高的 1/2。

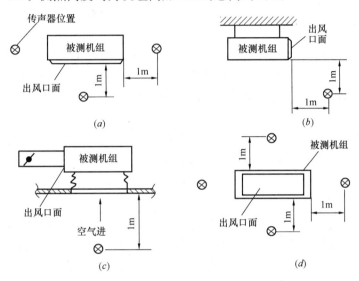

图 1-19　空调设备噪声测量测点布置示意图

多点测量时平均声压级 $\overline{L}_p$ 由用式（1-14）计算。背景噪声按表 1-1 修正。

1.7　高效过滤器检漏仪器及其方法

高效过滤器是洁净室及净化空调系统的关键部件，其安装质量的好坏将直接影响到室内空气洁净度等级的实现。要使经过高效过滤器过滤后的空气能满足用户对洁净度的要求，在安装前应对高效过滤器进行检漏。

1.7.1　常用高放过滤器检漏仪器

高效过滤器进行检漏常用的仪器有：采样速率大于 1L/min 的光学粒子计数器、激光粒子计数器、凝结核计数器和气溶胶光度计（简称光度计）。

1. 光学粒子计数器

光学粒子计数器的原理是利用粒子的光散射特性，当粒子通过强光源照射的测量区时，每一粒子均产生一次光散射，形成一个光脉冲信号。利用光电倍增管将光脉冲信号转换成电脉冲信号。通过光学粒子计数器的粒子个数反映为电脉冲信号的能量，粒径反映为电脉冲信号的高度。这样，光学粒子计数器通过电脉冲可以测出被采样空气中粉尘的个数和粒径。

光学粒子计数器一般是由等动力采样头和主机两部分组成，如图 1-20 所示。常采用

图 1-20　粒子计数器

的光源为白炽灯。

光学粒子计数器的特点是可连续测量和数据处理，自动打印测量结果，检测周期可自动调节，检测粒径可分档，能测量粒径为 $0.3\sim10\mu m$ 的粒子。

2. 激光粒子计数器

激光粒子计数器的工作原理与光学粒子计数器类似。激光粒子计数器常采用的激光光源为半导体激光光源，其构造同样是由等动力采样头和主机两部分组成。

激光粒子计数器的特点是能测量粒径更小的粒子（可测小至 $0.075\mu m$ 的粒子），一般可存储多组测量数据，并可将测量数据传输到计算机。

3. 凝结核计数器

凝结核计数器的工作原理是当粒子通过某种液体的饱和蒸汽（如正丁醇）时，由于凝结作用，使微小的粒子作为核心而凝结成较大的颗粒，当凝结的颗粒大到可以测量其散射光的大小时，再利用光散射原理进行计数测量。凝结核计数器可测到 $0.001\mu m$ 的粒子。

4. 气溶胶光度计

光度计由真空泵、光散射室、光电倍增管、信号处理转换器和微处理器等组成。其工作原理是：当气流被真空泵抽至光散射室时，其中的颗粒物质散射光线至光电倍增管。在光电倍增管中，光被转换成电信号，此信号经放大和数字化后由微处理器分析，从而测定散射光的强度。通过与参比物质产生的信号对比，可以直接测量气体中颗粒物质的质量浓度。

光度计法可用于最大穿透率大于等于 0.001％的过滤器检漏，适用于高效过滤器上游大气尘浓度低于 4000 粒/L，且过滤器上游可以设置检漏气溶胶注入点的系统。粒子计数器法适用于所有等级的洁净场所过滤器检漏，过滤器最大穿透率可低至 0.0000005％或更低。当使用气溶胶时粒子计数器检漏法与光度计法相同。与粒子计数器相比，光度计灵敏度及精度稍差。洁净空调系统对高效过滤器检漏一般优选粒子计数器。

1.7.2　高效过滤器的检漏方法

1. 检漏仪器的选择

根据《通风与空调工程施工质量验收规范》GB 50243 的规定：高效过滤器的检漏，应使用采样速率大于 1L/min 的光学粒子计数器。D 类高效过滤器宜使用激光粒子计数器或凝结核计数器。

2. 检漏方法

（1）检漏的含尘气流浓度规定。

采用粒子计数器检漏高效过滤器时，检漏用的尘源一般为大气尘或含其他气溶胶尘的空气，若采用凝结核计数器，就必须采用粒径已知的单分散相试验粉尘。要求高效过滤器上风侧的粒子浓度应均匀。

对大于或等于 $0.5\mu m$ 的尘粒，浓度应大于或等于 $3.5\times10^5 pc/m^3$（粒/立方米）；或对大于或等于 $0.1\mu m$ 的尘粒，浓度应大于或等于 $3.5\times10^7 pc/m^3$；若检测 D 类高效过滤器，对大于或等于 $0.1\mu m$ 的尘粒，浓度应大于或等于 $3.5\times10^9 pc/m^3$。

（2）等动力采样的概念。

高效过滤器的检测采用扫描法，即在过滤器下风侧用粒子计数器的等动力采样头采样。等动力采样又称为等速采样，是指采样头进口处的采样速度等于高效过滤器下风侧检漏点的气流速度。

采样头的采样速度对采样检漏的结果影响很大，如图 1-21 所示。因粉尘尘粒重于空气分子，当采样头的进口采样速度小于检漏点的气流速度时，处于采样头边缘内的一些尘粒本应随气流一起绕过采样头流出，但是，由于惯性作用，粒径较大的尘粒会继续按原来的方向前进进入采样头，使得测试的结果比实际情况偏高。当采样头的进口采样速度大于检漏点的气流速度时，处于采样头边缘外的一些尘粒，本应随气流一起进入采样头，但是，由于惯性作用，粒径较大的尘粒会继续按原来的方向前进，在采样头外通过，使得测试的结果比实际情况偏低。只有当采样头的进口采样速度等于检漏点的气流速度时，采样头收集到的含尘气流样品才能真正反映高效过滤器下风侧检漏点气流的实际含尘情况。

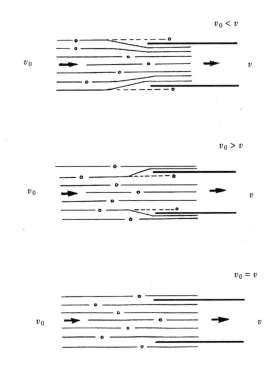

图 1-21　不同采样速度时尘粒的运动情况

（3）检漏方法：

1）按照仪器说明书的要求安装粒子计数器和采样头。采样管的长度应根据仪器允许长度确定，如果无规定时，不宜大于 1.5m。采样头的进口应正对气流，轴线与气流方向一致，其偏斜的角度不能超过 $\pm5°$。

2）被检漏的高效过滤器必须已测过风量，在设计风速下运行。

3）调整被检漏高效过滤器上风侧的含尘气流浓度，使其符合规定。

4）检漏：采样头距被检部位表面的距离为 $20\sim30mm$，以 $5\sim20mm/s$ 的速度移动扫描检查。检漏的部位为过滤器的表面，边框和封头胶处。在移动扫描检测高效过滤器时，应对计数突然递增的部位进行定点检验。

5）合格标准：将受检高效过滤器下风侧测得的泄漏浓度换算成透过率，高效过滤器不得大于出厂合格透过率的 2 倍；D 类高效过滤器不得大于出厂合格透过率的 3 倍。

单 元 小 结

空调系统在试运行调试中需要对冷、热媒流量、压力、温度，风系统和室内空气的温、湿度、风量、压力、噪声、洁净度等多项参数进行测定，用以判别空调系统的运行状况和对相关的调试工作提供依据。空调系统正式投入运行后，也要通过对这些参数的测定以实现对系统的监控。

在施工现场试运行调试中主要使用便携式仪表并依据其测量结果。例如当中央控制器显示的空调系统实时控制图有监控点温湿度值与现场测量仪表测量结果出现较大偏差时，应首先检查现场测量方法和检定现场使用的便携式仪表精度，或换更高精度仪表进行测量，如果无问题，再根据实时控制图在现场找到监控点对应传感器，检查安装质量，排除故障。因此，正确选用测试仪表并对其测量数据的精确性进行分析和判定是空调系统检测调试中的重要工作。

思 考 题 与 习 题

1. 领会系统误差、偶然误差和过失误差概念。

2. 简述测量精度与仪表精度的区别。

3. 简述如何利用重复测量结果，用误差理论分析来提高测量精度。

4. 欲测 26℃ 的温度，要求测量误差小于 ±0.4℃，如选用 1.0 级温度计，问温度计理论测量范围应为多少？

5. 画图说明用毕托管测进风管（负压）时，测全压或静压的接管与倾斜式微压计的连接。

6. 画图说明用毕托管测出风管（正压）时，测全压或静压的接管与倾斜式微压计的连接。

7. 画图说明用毕托管测风管内空气动压时，毕托管与倾斜式微压计的连接。

8. 如何使用通风干湿球温度计测量确定空气的相对湿度？

9. 使用热球风速仪时应从哪些方面减小测量误差？

10. 简述测量空调房间噪声的方法。

11. 简述用高分子湿敏材料制成的电阻式和电容式感湿元件的不同工作原理。

12. 简述等动力采样的原理，对高效过滤器检漏应怎样使用等动力采样头？

13. 对一空调室外机进行噪声测量，正面和两个侧面的测得值分别为 61 dB（A）、54 dB（A）和 52 dB（A），背景噪声声压级为 43 dB（A），试计算空调室外机的噪声平均声压级。

14. 风管测量断面处设计风量为 $L=10000m^3/h$，风管断面积 $F=0.4m^2$，倾斜式微压计常数 K 为 0.4，测量时空气温度所对应的空气密度 $\rho=1.2kg/m^3$，倾斜式微压计读数应为多少 mm？

15. 测得湿空气温度 $t=30℃$，当地大气压力 $B=101kPa$，相对湿度 $\phi=65\%$，分别用式（1-13）和仅以式（1-13）第一项计算湿空气密度，并比较两者差值。

教学单元 2　空调系统试运行与调试的准备工作

【教学目标】通过本单元教学，使学生理解在空调系统试运行调试中如何执行国家有关工程质量验收标准和应用地方、行业施工工艺规范，了解空调系统试运行调试方案的重要性和编制方法。

2.1　空调系统试运行与调试执行标准与规范

2.1.1　执行规范与质量要求

建筑与设备安装工程施工必须严格执行国家相关标准和规范，它是监理单位履行质量监督职责的依据，也是仲裁施工质量纠纷的依据。对于通风与空调工程施工，现行配套使用《建筑工程施工质量检验统一标准》GB 50300—2013（以下简称"统一标准"）和《通风与空调工程施工质量验收规范》GB 50243—2002（以下简称"验收规范"）。统一标准以强制性条文规定"工程质量的验收均应在施工单位自行检查评定的基础上进行"，即要求施工单位先自行检查评定，合格后再交监理单位验收，分清了施工、验收两个质量责任范围。

空调系统试运行与调试是实现系统由静到动，最终实现工程设计技术指标的重要施工过程；也是在竣工验收之前，由施工单位负责主持，建设、设计、监理单位参加的，对整个系统设计、制造和安装进行全面质量检查评定的重要自检和验收过程，必须认真设计试运行调试的项目和操作程序，落实各环节质量控制、检查、评定等措施，并在实施过程中形成完整的记录，为竣工验收做好准备工作。

根据表 0-1 可知，完整的空调系统试运行与调试包括空调风系统、制冷系统和空调水系统三个子分部工程中的系统调试分项工程，并且要与自动控制调节系统密切配合，具有相当的难度，施工人员需要认真领会统一标准和验收规范的指导思想和技术原则。现依据验收规范，将空调系统试运行调试的要求和检验批检验项目质量标准介绍如下：

1. 主控项目

空调系统调试包括设备单机试运转及调试和系统无生产负荷下的联合试运转及调试。

（1）通风机、空调机组单机试运转及调试：通风机、空调机组中的风机，叶轮旋转方向正确、运转平稳、无异常振动与声响，其电机运行功率应符合设备技术文件的规定。在额定转速下连续运转 2h 后，滑动轴承外壳最高温度不得超过 70℃，滚动轴承不得超过 80℃。

（2）水泵单机试运转及调试：水泵叶轮旋转方向正确，无异常振动和声响，紧固连接部位无松动，其电机运行功率应符合设备技术文件的规定。水泵连续运转 2h 后，滑动轴承外壳最高温度不得超过 70℃，滚动轴承不得超过 75℃。

（3）冷却塔单机试运转及调试：冷却塔本体应稳固、无异常振动，其噪声应符合设备技术文件的规定。风机试运转按第（1）款的规定；冷却塔风机与冷却水系统循环试运行不少于 2h，运行应无异常情况。

（4）制冷机组单机试运转及调试：制冷机组、单元式空调机组的试运转，应符合设备技术文件和现行国家标准《制冷设备、空气分离设备安装工程施工及验收规范》GB 50274—2010 的有关规定，正常运转不应少于 8h。

（5）系统风量调试：系统总风量调试结果与设计风量的偏差不应大于 10%。

（6）空调水系统调试：空调冷热水、冷却水总流量测试结果与设计流量的偏差不应大于 10%。

（7）恒温、恒湿空调：舒适空调的温度、相对湿度应符合设计的要求。恒温、恒湿房间室内空气温度、相对湿度及波动范围应符合设计规定。

（8）净化空调系统调试：净化空调系统还应符合下列规定：

1）非单向流洁净室系统的系统总风量调试结果与设计风量的允许偏差为 0～20%，室内各风口风量与设计风量的允许偏差为 15%；

新风量与设计新风量的允许偏差为 10%。

2）单向流洁净室系统的室内截面平均风速的允许偏差为 0～20%，且截面风速不均匀度不应大于 0.25；

新风量和设计新风量的允许偏差为 10%。

3）相邻不同级别洁净室之间和洁净室与非洁净室之间的静压差不应小于 5Pa，洁净室与室外的静压差不应小于 10Pa。

4）室内空气洁净度等级必须符合设计规定的等级或在商定验收状态下的等级要求。

高于等于 5 级的单向流洁净室，在门开启的状态下，测定距离门 0.6m 室内侧工作高度处空气的含尘浓度，亦不应超过室内洁净度等级上限的规定。

2. 一般项目

（1）风机、空调机组：风机、空调机组、风冷热泵等设备运行时，产生的噪声不宜超过产品性能说明书的规定值；风机盘管机组的三速、温控开关的动作应正确，并与机组运行状态一一对应。

（2）水泵的安装：水泵运行时不应有异常振动和声响、壳体密封处不得渗漏、紧固连接部位不应松动、轴封的温升应正常；在无特殊要求的情况下，普通填料泄漏量不应大于 60mL/h，机械密封的不应大于 5mL/h。

（3）水系统的试运行：空调工程水系统应冲洗干净、不含杂物，并排除管道系统中的空气；系统连续运行应达到正常、平稳；水泵的压力和水泵电机的电流不应出现大幅波动。系统平衡调整后，各空调机组的水流量应符合设计要求，允许偏差为 20%；多台冷却塔并联运行时，各冷却塔的进、出水量应达到均衡一致。

（4）水系统检测元件的工作：各种自动计量检测元件和执行机构的工作应正常，满足建筑设备自动化（BA、FA 等）系统对被测定参数进行检测和控制的要求。

（5）空调房间的参数：

1）空调室内噪声应符合设计规定要求；

2）有压差要求的房间、厅堂与其他相邻房间之间的压差，舒适性空调正压为 0～25Pa；工艺性空调应符合设计的规定。

3）有环境噪声要求的场所，制冷、空调机组应按现行国家标准《采暖通风与空气调节设备噪声声功率级的测定——工程法》GB 9068—88 的规定进行测定。洁净室内的噪声应符合设计的规定。

（6）工程控制和监测元件及执行机构：通风与空调工程的控制和监测设备，应能与系统的检测元件和执行机构正常沟通，系统的状态参数应能正确显示，设备连锁、自动调节、自动保护应能正确动作。

统一标准和验收规范对每一个检验批项目还规定了检查数量、检查方法和最小抽样数量。由以上可知，检验项目质量标准有验收规范直接规定、执行相关标准和依据设计与设备技术文件三种方式。

由于系统调试涉及几个子分部工程，因此执行时还须与其他相关检验批项目对照。另外，验收规范还有基本规定、一般规定等内容，它们虽然不是主控项目和一般项目的条文，但这些内容也是执行主控项目和一般项目的依据。

依据检验项目，验收规范同时给出了"工程系统调试检验批质量验收记录"表格格式。施工单位按验收规范规定的调试要求和检验项目进行检查、评定和记录必定是正确的，但验收规范只规定质量验收标准，不规定其施工方法。采用何种施工工艺标准及施工方法完全由施工单位自己确定，体现了现行统一标准和验收规范"验评分离、强化验收、完善手段、过程控制"的思想，给予施工单位以更大的技术发展空间，有利于技术创新，但也提高了对施工单位现场质量管理的要求。统一标准规定：施工现场应具有健全的质量管理体系、相应的施工技术标准、施工质量检验制度和综合施工质量水平评定考核制度。

2.1.2 空调系统试运行与调试基本程序

对空调系统试运行与调试，施工单位要依据设计图纸、相关技术标准和设备及产品技术说明文件编制试运行与调试方案。设计图纸是工程施工、检查、调试、验收的最基本根据。相关技术标准指工程约定和施工涉及的设计、施工和质量验收标准及规范，包括前面介绍的统一标准和验收规范，以及其他相关国家标准、行业标准、地方标准和企业标准等。其中施工技术标准（也称"工艺标准"）是编制施工和试运行调试方案的最主要依据。安装和运行调试所依据的设备及产品技术说明文件一般执行行业或企业标准，属工艺标准范围。由此可以理解统一标准和验收规范的基本技术原则：国家标准和规范规定工程质量标准，这是必须达到的最低质量要求；施工和试运行按照工艺标准进行操作和质量控制，工艺标准的检验项目全部涵盖国家标准，其质量要求可以全部或部分高于国家标准。即按设计图施工，按工艺标准进行质量控制，按国家标准进行验收。因此空调系统试运行与调试应符合以下基本要求：

（1）以不低于国家标准和规范规定的最低质量要求为原则应用工艺标准，工艺标准在现阶段可以是地方、行业标准和操作规程，也可以是企业编制的工法等。

（2）依据设计图纸和设备及产品技术说明文件，按照工艺标准编制试运行与调试方案，设计操作程序和操作方法。并对每一检验项目设计质量控制检查点，提出质量控制要求和目标。同时按质量控制要求准备每一项目的检验记录表格和验收规范要求的检验批质量验收记录表格。如果设备技术说明文件明确规定了安装调试方法和质量控制要求，方案可直接引用。

（3）按照试运行与调试方案设计的操作程序和操作方法，在建设、设计、监理单位参与的条件下，对空调系统进行检查和试运行调试，使其达到设计的技术指标。

（4）在试运行与调试的同时，由项目专业质量检查员和调试人员对各检验项目进行质量检查与评定，对重要质量控制检查点要形成记录，每一检验项目完毕后，一定要有记录。检查记录由项目专业质量检查员签字，由监理工程师认可达到要求后才能进入下一检验项目或工序。

（5）试运行与调试中若发现设计、制造和安装质量问题，应按照施工单位质量管理体系对不合格质量问题的处理规定进行记录、标识、判别、汇报，待整改完毕后再重新进行检测。

2.1.3 检验批质量验收记录

在空调系统试运行与调试过程中会形成大量记录表格，这些都是有用的，是施工单位评定质量和正式填写检验批质量验收记录的依据，也是存档的原始记录。例如。表2-1是空调系统风机试运转检测记录表。空调单机设备和系统试运转记录表的格式可由施工单位根据需要自行设计。

空调系统风机试运转检测记录　　　　　　　　表 2-1

单位（子单位）工程名称			
分部（系统）工程名称			
安装单位		项目负责人	
安装部位、区、段			
施工执行标准名称及编号			
设备型号、性能参数及允许值			
风机型号		出厂编号	
额定风量（m³/h）		额定风压（Pa）	
电机型号		出厂编号	
额定电压（V）		额定电流（A）	
额定功率（kW）		额定转速（r/min）	
风机轴承允许最高温度（℃）		电机轴承允许最高温度（℃）	
噪声限值［dB（A）］			
检 查 记 录			
风机固定是否可靠，安全措施是否完备		润滑油脂是否正确加注	
盘动叶轮，有否碰壳、摩擦和转动不灵		传动皮带松紧程度是否适合	
电机绕组对地绝缘电阻（MΩ）		电机转向是否与风机转向相符	
试 运 转 记 录			
电压（V）		功率（kW）	噪声［dB（A）］
运行电流（A）	A相：_____ B相：_____	C相：	
风机轴承实测温度（℃）		电机轴承实测温度（℃）	
风机实测转速（r/min）		环境温度（℃）	

实测风量（m³/h）					实测风压（Pa）		
试运行时间	年　月　日　时　分至　年　月　日　时　分						
安装单位 检查评定结果	专业工长（施工员）			测试人员			
	项目专业质量检查员：				年　月　日		
监理（建设）单位 验收结论	专业监理工程师 （建设单位项目专业技术负责人）：				年　月　日		

空调安装工程检验批、分项工程、分部工程质量验收记录表应符合统一标准、验收规范和当地质量技术监督部门制定的表格格式。施工单位可按以下方式填写检验批质量验收记录：

1. 主控项目和一般项目

施工单位依据试运行与调试的原始记录，填写"空调系统调试检验批质量验收记录"中"施工单位检查评定记录"的各个项目栏。

（1）定量项目按验收规范要求填写检查数据，对超过验收规范要求的数据用△标记。

（2）定性项目，当符合验收规范规定时，用打"√"的方式标注；不符合规定时用打"×"的方法标注。

（3）对既有定性又有定量的项目，各个子项目质量均符合规定时，用打"√"标注；否则采用打"×"标注。

（4）无此项内容的用打"/"标注。

2. 施工单位检查评定结果

施工单位自行检查评定合格后，可正式签认检验批质量验收记录。专业工长（施工员）和施工班、组长栏目由本人签字，以示承担责任。专业质量检查员代表施工单位逐项检查，在检验批质量验收记录的"施工单位检查结果评定"栏内注明"检查评定合格"等字样表明结果，签字后，交监理工程师或建设单位项目专业技术负责人验收。

空调系统试运行与调试过程中，监理人员一般采用旁站观察、抽样检测等方法进行监理，并参加重要项目的检测工作。在检验批验收时，对主控项目和一般项目应逐项进行验收。

2.2 施 工 准 备

这里施工准备是指空调系统试运行与调试前的准备工作。大、中型空调系统服务范围大，设备、部件种类多，功能各异。空调设备、部件和管线安装需要与土建、装饰和水电等分部工程相互配合。系统试运行与调试的安排应考虑多方面因素，施工准备的主要内容有以下三个方面：

（1）技术准备；

（2）检测仪器准备；

（3）现场准备。

2.2.1 技术准备

通风与空调工程的系统试运行与调试，应由施工单位负责、监理单位监督、设计单位与建设单位参与和配合。系统试运行调试的实施可以是施工企业本身或委托给具有调试能力的其他单位。具备空调工程安装资质和能力的施工企业一般也具备空调系统的调试能力。但调试人员应以有空调工程理论知识，有实际操作经验的技术人员和高级技工为骨干，参与人员需经过培训并具备上岗资格。组成的试运行调试小组由技术负责人统一指挥。

根据服务对象不同，空调系统的设备组成、工程规模、技术参数和检测调试要求会有很大差别，调试人员不能完全凭经验和记忆进行操作，必须认真做好技术准备工作。

（1）熟悉空调系统设计图纸和有关技术文件，领会设计意图，详细了解系统的运行工况和服务对象的工艺要求，以及温度、湿度、空气流速流形、压力、洁净度和噪声等空气调节技术指标。

（2）熟悉空调系统，主要子系统有空气处理与送（回）风系统、供冷（热）系统和电气与自动调节系统。调试人员应仔细阅读空调设备技术说明文件，了解设备的功能参数和技术特点、与相关设备的联系与作用，以及设备试运行与调试的内容、程序、方法和质量要求。自动控制与调节系统要了解敏感元件和执行机构的安装位置与信号传递属性。自动控制与调节系统和制冷系统调试分别应有建筑弱电（建筑智能）和制冷专业方面的技术人员参与指导。

（3）熟悉国家现行有关通风与空调工程施工质量验收规范和通风与空调工程施工工艺标准。施工质量验收规范明确规定了施工与试运行调试的质量控制项目与要求，是必须执行的标准。工艺标准是指导通风与空调工程安装施工和运行调试的技术文件，由地方或行业依据验收规范编制，会有多种版本。内容概要包括工艺流程、准备工作、工艺方法、质量控制，以及安全与环保措施等。为适应发展的需要，规范在使用一段时间之后会重新修订，或新版规范颁发，旧版作废。工艺标准也会做相应修改或出版新版，但常规工艺程序和基本工艺方法不会有太大变化。施工人员要注意规范的发展情况，避免应用已废止的规范与标准。

（4）为保证试运行与调试工作顺利进行，大、中型空调系统应编制试运行与调试方案。方案须报送施工单位主管工程师和专业监理工程师审核批准。方案批准后，应组织参与人员认真学习，做好技术交底工作，试运行与调试应严格按方案进行。试运行调试结束后，必须提供完整的试运行有关检测与调试的资料和报告。

（5）空调系统试运行与调试时，系统必须按要求安装完毕，并按要求已完成风管和现场组装的空调机组漏风量检测。试运行调试之前，施工单位应会同设计、建设和监理人员对已完毕工程进行全面检查，要求全部分项工程检验验收资料齐全，工程质量符合设计和施工质量验收规范的规定。

2.2.2 检测仪器准备

空调系统试运行调试和检测所用的仪器仪表应根据实际需要选用。主要检测仪器仪表和使用方法可参见第一章。使用检测仪器仪表应注意：

（1）所有使用的仪器仪表必须有出厂合格证书和鉴定文件，严禁使用无合格证的产品。

（2）仪器仪表必须在检定周期内，严禁使用检定不合格和超过检定期的仪器仪表。

（3）系统检测调试所使用的仪器和仪表，性能应稳定可靠，其精度等级、量程及最小分度值应能满足测定的要求，并应符合国家有关计量法规及检定规程的规定。在选择仪器仪表量程时，一般使被测量值能达到量程或上限的 2/3 或 3/4 为好。

（4）搬运和使用仪器仪表要轻拿轻放，防止振动和撞击，不使用时应放入专用仪表工具箱内入库妥善保管。

（5）使用人员应熟练掌握测试仪器仪表的使用方法，要防止因安装使用仪器仪表不规范而产生系统误差和过失误差。

2.2.3 现场准备

现场准备也是非常重要的准备工作。调试人员除要了解空调工程本身的施工情况外，还要全面了解与空调工程相关的土建、装饰和建筑水电工程的施工情况，才能合理安排试运行与调试的时间。现场应具备的条件和应完成的准备工作有以下几个方面：

（1）要求空调系统范围内的土建工程全部完成，门窗能正常关闭。装饰工程应为空调系统隐蔽位置的检测与调试留有足够操作空间。对于洁净空调系统，一般要求装饰工程也应全部完成，特别要防止试运行调试之后的施工破坏系统和洁净室内的洁净度与严密性。

（2）试运行与调试期间所需用的水、电、蒸汽及压缩空气等系统，应具备使用的条件。空调系统设备不允许采用临时供电的方式试运行。作为检测与调试用的临时设备，供电应符合施工现场供电的有关规定。现场消防设施完善，排水系统应畅通。

（3）根据试运行、检测和调试的需要，合理布置检测与调试用的临时设备，位置要满足使用的要求，也要不妨碍现场的通行和运输。

（4）空调系统试运行与调试之前，应对空调系统范围内和附近区域全面清扫，清除建筑垃圾和杂物。特别是风口附近要清扫干净，防止吸入或吹起灰尘。新风口附近还未绿化的地坪应洒水夯实。洁净空调系统安装前应已经进行过全面清扫，试运行调试前的清扫要防止大面积扬灰。清扫时洁净室和空调系统封闭的孔口不能打开，清扫后要对洁净室围护和空调系统进行全面擦拭。擦拭采用退步方式并使用清洁水或符合规定的清洗液。对有吸水性的部件，要防止吸水生霉。

空调系统试运行与调试的施工准备工作内容多、难度大，特别是试运行与调试方案的编制，具有很强的技术性。施工准备工作做得不好，试运行与调试就可能出现程序混乱、误动操作和重复返工等问题，严重的还可能发生事故。因此参与人员应分工明确、责任落实，完成每一项工作都应经过自检和互检，并有详细记录。试运行与调试小组的技术负责人要全面了解准备工作的进程和完成情况，以防遗漏工序，消除事故隐患。

2.3 空调系统试运行调试方案的编制

空调系统在施工前已编制工程施工组织设计，其中施工方法与技术措施部分可以包括系统试运行调试的内容。但对于技术复杂、工程量大的空调系统，应单独编制试运行调试方案，详细说明试运行要求和检测、调试项目。单独编制也有利于调试人员学习、领会和相互配合。空调系统试运行调试方案应由有经验的技术人员负责编写，主要包括以下十个方面的内容：

（1）工程概况；

（2）技术依据；

（3）调试工程量；

（4）试运行与调试程序；

（5）试运行与调试准备工作；

（6）试运行调试工艺方法；

（7）不合格质量处理规定；

（8）成品保护；

（9）安全与环保措施；

（10）附表。

2.3.1　工程概况

主要阐述空调系统的服务对象、工程规模和技术特点，同时介绍设计、施工与试运行调试单位。

据了解，在编写空调系统试运行调试方案时，"工程概况"多只作为方案的格式需要，对系统特点阐述还未引起足够重视，这是不正确的。实践证明，系统阐述清楚，对帮助调试人员进一步熟悉空调系统组成，领会试运行调试的程序、设备、项目和质量目标，以及指导试运行调试的操作都会有很大帮助。由于参加调试的是熟悉空调、制冷和控制的技术人员，对系统特点可根据工程实际，重点介绍空调系统有关能量调节、自动控制、连锁保护等方面的内容，以及与试运行调试有关的技术参数。

完整的空调控制系统包括对空调风系统、冷热源和水系统等部分的控制，具有检测、调节和安全保护与故障报警等多项功能。不同空调工程的控制系统会有很大差别，而且涉及空调全年运行多种工况，具有测控点多、测控参数多、系统复杂的特点。随着计算机技术的发展，直接数字控制系统（简称DDC系统）在空调控制系统中也已经得到较普遍应用。对于空调系统被纳入微机监控中心的集散智能控制方式，暖通空调技术人员对此相对陌生，而建筑智能（弱电）专业的人员对空调与冷热设备性能、系统组成和运行工况更是了解不多，要全面领会空调控制系统的工作原理和调节过程，还需要空调与控制技术人员的互相配合。事实上，目前也非常需要这方面的机电一体化的人才。

2.3.2　技术依据

指试运行调试所依据的技术文件。有设计图纸和相关设计资料；国家、地方、行业现行有关标准和规范；设备技术说明文件等等。

2.3.3　调试工程量

一般以列表方式统计调试工程量。列表以一套完整的空调系统为单元，分别按子系统统计，大型空调系统可以细分按分区统计。统计的对象为需要试运行与调试的设备（台套）、风口（个）和测量点数。列表一般应注明设备和部件的名称型号、施工图代号、安装地点、铭牌技术参数（如功率、流量、扬程、压力）等。在每个统计对象表格的最右边可列备注栏，该设备或部件试运行调试完毕后在备注栏内注明，审查表格的备注栏就可以了解整个工程试运行调试的进程与情况。

2.3.4　试运行与调试程序

设计空调系统试运行调试程序要根据空调系统本身的特点，也要符合机电设备试运行调试的基本原则，即：

（1）"先检查，后通电"，必须先对试运行系统的管、线及设备进行全面检查，确认影响试运行的缺陷已经整改完毕，空调系统及相关工程已经具备通电试运行条件。

（2）"先强电，后弱电"，必须在强电系统检测调试合格后，才能检测调试弱电系统。

（3）"先电气，后设备"，不能在电气系统安装后，未经检查调试合格就盲目启动机械设备。

（4）"先单机，后系统"，必须先单机试运行合格以后才能进行系统试运行。

（5）对风机、水泵等设备试运行应"先手动，后点动，再运行"，这样可以事先发现设备的安装质量问题，如转动件的偏心，与机体的摩擦，联轴器不对中，以及机体内的异物等故障和隐患。

（6）"先无负荷，后带负荷"，无论是单机还是系统试运行，都必须先无负荷试运行，合格后才能带负荷试运行。

由于空调系统在工程规模、系统设备和施工难度等方面的差异，以及投入的人力多少不同，试运行调试不会有完全相同的程序。对一般集中式空调系统大致可参考图 2-1。在制定试运行调试方法时，对某一具体的单机或子系统，还可以根据具体情况制定更详细的操作工艺流程。

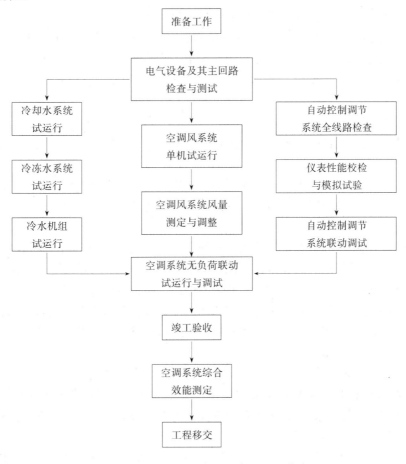

图 2-1　集中式空调系统试运行调试工艺流程

2.3.5 试运行与调试准备工作

主要包括对已完工工程的检查、检测仪器准备和现场准备三部分，可参见本单元第二节内容。试运行技术负责人对调试方案向全体调试人员技术交底后，应了解确认各专业调试人员已经理解本职工作和相互配合的要求。技术交底应做好相应记录。

2.3.6 试运行与调试方法

应根据设计的试运行调试程序和采用的工艺标准，对被调试设备和各检验项目逐一设计操作方法，包括每一项目试运行调试前的准备工作、需运用的计算公式、需填写测试参数的记录表格，表格可以在最后统一列出。试运行与调试方法是技术交底的重要内容，对一般熟悉的工艺部分可以简要说明；对采用新技术、新工艺、新设备的部分应详细阐述。技术说明要与施工图和系统图相结合。当施工图不足以全面反映系统运行、控制和调试过程，或示图分散、读图不方便时，应根据试运行调试的要求补画示意图，详细反映各子系统组成、走向，各子系统以及测控点、受控设备与控制设备之间的联系。设计试运行与调试方法可参考本书相关内容。

2.3.7 不合格质量处理规定

即试运行与调试中若发现不合格质量问题，施工单位应如何记录、汇报和处理的规定与程序。施工单位应该有完善的质量管理体系和制度来规范对不合格质量问题的处理。

对于不影响试运行与调试正常进行的问题可以先进行记录，待这一阶段试运行调试完成后统一分析解决。当发现严重不合格质量问题时，应首先停止该项目试运行与调试工作。然后分析不合格质量是属于设计、制造还是安装的问题，由责任方提出整改方案，经各方认可后进行处理。待整改完毕后应重新进行检测，并要符合统一标准与验收规范的规定。

2.3.8 成品保护

空调系统试运行调试时，本工程及土建、装饰均接近全部完工，试运行调试应制定成品保护措施：

（1）试运行调试人员应保护空调工程的安装成果，防止因过失损坏已完工的设备与管线。例如在操作中应防止因踩、攀、压管线和设备，使其变形或保温（保护）层或表层涂料被破坏。

（2）试运行调试过程会有中途停顿，其间要做好试运行调试过程中的成品保护工作。对洁净系统要及时封闭敞开的孔口，以保护系统内的洁净度。水系统冬季要注意防冻。设备单机试运行之后有较长时间停顿时，应切断电源，用塑料布覆盖保护。

（3）应与土建、装饰和室内水电工程协调，互相保护劳动成果。当空调试运行调试之后还有其他分部工程收尾工序时，应协调做好试运行调试的成果保护，如保护阀门位置和洁净室内的洁净度与严密性等。

2.3.9 安全与环保措施

空调系统试运行调试涉及的设备种类多，工作范围大，容易造成人员受伤和环境污染。因此应根据国家、地方和企业颁布的有关法规和制度，制定详细的安全与环保措施，并要求严格遵守。其内容主要有以下几个方面：

（1）电气安全：如检测电气设备要挂警示牌，操作时随身携带试电笔作验电检查，线路未检查合格严禁送电。现场临时用电必须符合有关技术规定等。

（2）高空作业：如高空作业必须系好安全带，高处作业严禁穿硬底易滑的鞋。搭斜梯和上人字梯要有人扶梯，所使用的梯子不得缺档，不得垫高使用，下端要采取防滑措施。在吊顶内作业要防止踏在非承重的地方等。

（3）操作安全：如风管吹扫时应提示人员不得面对风口，防止吹出异物伤人（眼）；运转设备运行时要防止衣物被卷入等。

（4）防止污染：如冲洗管道的污水要有畅通的排出通道，防止污染建筑及装饰。在调试过程中所形成的固体废弃物应按现场管理规定分类处理，不能乱丢乱扔等。

（5）其他施工现场安全及保卫措施。

2.3.10 附表

试运行调试过程中应按事先准备好的表格填写原始记录。表格应根据试运行检测与调试的需要编制，所用表格编号以附表方式列于方案的最后。

空调系统试运行调试方案编制完成后，应送交本企业主管工程师和监理工程师审批，获批准后才能实施。

2.4 空调系统试运行调试方案示例

本章第三节讲述了空调系统试运行调试方案的编制方法，下面以某商场空调系统夏季工况的试运行调试方案为例进行介绍。

2.4.1 工程概况

××商场空调工程由××安装公司负责安装与调试，由××监理公司负责工程监理。商场地上 4 层，地下 1 层，每层建筑面积为 2199m²，地下层作车库用，只设置通风系统，地上 4 层设置有空调系统。商场夏季冷负荷为 1920kW，冬季的热负荷为 760kW，室外设计参数如表 2-2 所示，室内设计参数如表 2-3 所示。地上一至三层为商场营业用房，空调方式采用新风加吊装式空调机的方式，每层共设置有 8 台吊装式空调机，新风直接从屋顶通过新风竖井引进，只作了简单的粗效过滤后，进入每台吊装式空调机，与商场内的回风混合再经过吊装式空调机处理，由散流器送风。四层为办公用房，空调方式为新风加吊装式空调机，共设置了两台吊装式空调机，59 台卧式暗装风机盘管，新风要进入风机盘管。整个空调系统的冷源为设置在屋顶的单螺杆水冷式机组 2 台，单台的制冷量为 995kW，采用 R22 作为制冷剂，冷冻水的供水温度为 7℃，回水温度为 12℃。冷却水在低噪声冷却塔内冷却，单台的冷却水量为 250m³/h，冷却水进水温度为 37℃，出水温度为 32℃。热源采用了设置在屋顶的燃气热水机组一台，供热量为 756kW，供水温度为 60℃，回水温度为 50℃。

<table>
<tr><td colspan="5" style="text-align:center">室 外 设 计 参 数</td><td>表 2-2</td></tr>
<tr><td colspan="3" style="text-align:center">夏 季</td><td colspan="3" style="text-align:center">冬 季</td></tr>
<tr><td colspan="2">空调室外计算干球温度（℃）</td><td>32.1</td><td colspan="2">空调室外计算温度（℃）</td><td>1.0</td></tr>
<tr><td colspan="2">空调室外计算湿球温度（℃）</td><td>26.0</td><td colspan="2">空调计算相对湿度（％）</td><td>80</td></tr>
<tr><td colspan="2">平均风速（m/s）</td><td>1.9</td><td colspan="2">平均风速（m/s）</td><td>1.4</td></tr>
<tr><td colspan="2">大气压力（kPa）</td><td>94.7</td><td colspan="2">大气压力（kPa）</td><td>96.3</td></tr>
</table>

房间名称	夏 季		冬 季	新风量
	温度（℃）	相对湿度（%）	温度（℃）	［m³/（h·人）］
商场	27	60	18	20
办公室	25	60	18	30
会议室	26	60	18	40

2.4.2 技术依据

（1）设计院提供的设计图纸与设计技术文件；

（2）《建筑给排水及采暖工程施工质量验收规范》GB 50242；

（3）《通风与空调工程施工质量验收规范》GB 50243；

（4）《建筑安装工程施工质量验收统一标准》GB 50300；

（5）吊装式空调机组、风机盘管、单螺杆水冷式冷水机组等设备的安装使用说明书及相关的技术资料；

（6）《制冷设备、空气分离设备安装工程施工及验收规范》GB 50274。

注：这里省略了标准颁布年份。

2.4.3 调试工程量

调试工程量如表 2-4 所示。

调 试 工 程 量 表 2-4

序号	名称	型号	L（m³/h）	N（kW）	地点	单位	数量	备注
1	吊装式空调机	KCD×08	8000	1.1×2	第一层商场	台	8	
2	吊装式空调机	KCD×08	8000	1.1×2	第二层商场	台	8	
3	吊装式空调机	KCD×08	8000	1.1×2	第三层商场	台	8	
4	吊装式空调机	FOC4.0	4000	0.75×2	第四层办公室	台	1	
5	吊装式空调机	FOC5.0	5000	1.1×2	第四层办公室	台	1	
6	卧式暗装风机盘管	FOP-600	1083	0.084	第四层办公室	台	2	
7	卧式暗装风机盘管	FOP-800	1503	0.109	第四层办公室	台	33	
8	卧式暗装风机盘管	FOP-1000	1760	0.131	第四层办公室	台	8	
9	卧式暗装风机盘管	FOP-1400	2400	0.203	第四层会议室	台	16	
10	单螺杆水冷式冷水机组	LS995Z		208	顶层	台	2	
11	燃气热水机组	WNS0.75		1.1	顶层	台	1	
12	低噪声冷却塔	LBC-M-250		11	顶层	台	2	
13	散流器	XM-6 方型			一至四层	个	137	

2.4.4 试运行和调试程序

试运行和调试按以下程序进行：

（1）试运行和调试的准备工作。

（2）检查与测试供配电主回路、电力控制系统及其电气设备。

（3）三个相对独立的子系统试运行与调试：

1）空调的水系统（冷却水和冷冻水）和冷水机组的试运行；

2）空调系统的风机、风机盘管、空调机组等试运行，以及空调风系统风量的调整；

3）自动控制系统及其设备的检查与调试。

以上三个子系统试运行与调试工作流程可参考图 2-1，是采用平行、顺序或是搭接方式安排工序应视投入人力等实际情况而定。

（4）空调系统的无负荷联动试运行与调试工作。

（5）系统无负荷联动试运行调试合格以后，做好工程收尾工作，准备系统的竣工验收。

（6）系统的综合效能测定工作，根据业主安排，在商场试营业前期对室内温度及波动范围、室内外压差进行测定和调试。

（7）综合效能测定完成以后，准备工程移交工作。

2.4.5 试运行与调试准备工作

1. 技术准备

（1）熟悉空调系统施工图、设计说明书和设计更改通知等，领会设计者的设计意图。

（2）详细了解空调系统的形式、原理、流程、管道的走向布局、阀门的设置及作用。

（3）详细阅读设备说明书，掌握系统设备的型号、规格、性能、运行的注意事项，以及有关技术参数等情况。

（4）熟悉经审核批准的试运行与调试方案，以及相应的成品保护、安全保护和环境保护等措施，并形成交底记录。

（5）编制试运行和调试的材料、工具计划（略），测量仪表配置计划如表 2-5 所示。

（6）会同设计单位、监理单位和建设单位对已完工的安装工程按设计要求和施工质量验收规范进行验收，资料应齐全。

测 量 仪 表 配 置 计 划　　　　　　　表 2-5

序号	仪表名称	单位	数量	规格或型号	用途
1	兆欧表	台	1	500～1000V	测绝缘电阻
2	万用表	只	2	普通型	测电流、电压、电阻
3	钳形电流表	只	1	0～20A	测电流
4	电流表	只	3	0～10A	测大电流
5	水银温度计	只	15	−30～50℃	测温度
6	热电风速仪	台	2	0.05～30m/s	测风速
7	数字温湿度计	台	1	温度：−20～+60℃ 湿度：10%～95%RH	测空气温度、相对湿度
8	干湿球温度计	台	2	−20～+45℃	测空气干湿球温度
9	倾斜式微压计	台	3	普通	测压力与压差
10	毕托管	根	3	普通	测压力与压差
11	机械式转速表	只	3	普通	测风机、电机转速
12	大气压力表	只	3	普通	测大气压力
13	压力表	只	3	0～2.4MPa	R22 制冷系统试压
14	卤素检漏仪	只	1		R22 检漏

（7）试运行与调试人员应经过培训，并具备上岗资格。

2. 检测仪器的准备

（1）所使用的检测仪表必须有合格证，在使用前应经过校检并合格。

（2）检测仪表应进行维护保养。贵重精密仪表要妥善保管并建账管理，使用时应检查和记录使用情况。

（3）操作人员应进行培训，熟悉检测仪表的操作方法和技巧。

3. 现场准备

（1）空调房间的土建工程应已结束，室内的卫生条件符合试运行和调试的要求。

（2）空调系统外部环境清洁，建筑垃圾已彻底处理干净。

（3）准备干燥、清洁、无腐蚀的房间作为仪表设备存放间和工作间。

（4）所有空调系统设备均已安装完毕。空调水系统已冲洗和试压。风管完成漏风量检测。冷、热水机组已形成工作条件。

（5）试运行与调试所用的水、电系统必须符合使用条件。临时供水系统应冲洗干净才能投入使用。

2.4.6　试运行与调试工艺方法

试运行调试工艺方法部分的内容较多，这里省略，具体详见本书教学单元3～5。但应注意以下事项：

（1）试运行与调试工艺方法在编写前，应仔细研究所调试的空调系统，充分理解设计者的设计意图和工程的特点。

（2）确定试运行与调试工艺方法应依据的现行工艺标准，一般情况下应优先选用成熟的工艺方法。

（3）若试运行与调试工艺方法中采用了新工艺、新技术和新方法，应该重点加以详细的阐述和说明。

（4）在试运行与调试工艺方法的编写中，应考虑空调、制冷和控制三部分工作的相互配合与协调。

（5）试运行与调试工艺方法最好图文相结合加以说明。工艺操作过程（工序）用流程图示意，工艺方法按工序编写说明。

（6）试运行与调试工艺方法应包括试运行的方法、试运行的合格标准、试运行的注意事项；测试仪表、测试方法、测试合格标准；相关的计算公式以及测试参数的记录表格等内容。

（7）对于试运行调试中可能发生事故的工艺环节，应制定详细、完善的保护和应急措施，安排专门的事故应急处理人员。

2.4.7　不合格质量处理规定

凡试运行与调试中发现的所有不合格的质量问题，必须按照公司（指施工单位）质量体系对不合格质量问题的处理规程进行处理。

（1）对于发现的不合格质量问题应如实填写在质量体系的《不合格记录》表中，一式四份。内容包括：发现位置、问题性质、判定依据以及对工程产生的影响或危害。

（2）根据产生质量问题的原因，若属于我方（即施工单位）责任，应将其中一份不合格记录转交相关班组整改；一份随检测试验报告一道受控。

（3）若属于设备质量或设计等问题，应将不合格记录送交建设、监理和责任单位，会同相关单位及时进行处理。

（4）对于不影响试运行与调试工作的质量事故，可以先记录到《不合格记录》中，经专业质量检查员和监理同意后，可先继续完成本阶段试运行与调试工作，然后由各责任单位整改。

（5）对于发现的重大不合格质量事故，应停止该项目的试运行调试工作，并根据产生质量问题的原因，将不合格及质量事故记录上报和送交相关单位，及时会同相关单位进行处理。

（6）相关单位整改方案需经认可后才能实施，整改完成后，应重新进行试运行调试和检测。

2.4.8 成品保护

（1）每道施工工序完成后，都必须做好成品保护工作，并且注意与其他工种之间的协调，做好相互间的成品保护工作。

（2）空调试运行和调试时，不得踩、踏、攀、爬管线和设备等，不得破坏管线及设备的外保护（保温）层及涂料层。

（3）对于易碎的成品，在试运行和调试时，要注意保护，防止人为碰撞造成损坏。

（4）系统调试完成后，应对各调节阀的阀位做好标记。

2.4.9 安全与环保措施

在空调系统的试运行和调试工作中，由于有高处作业的内容和容易造成环境污染的工序，因此，必须高度重视安全工作和环境保护工作。

（1）参加试运行与调试的人员应由专业技术和安检人员进行安全交底，以充分了解试运行与调试工作中的危险处，以及发生危险后的应对措施。

（2）进入施工现场的人员必须按规定穿戴劳动保护用品，戴好安全帽。高空作业必须系好安全带。

（3）高处作业应按规定轻便着装，戴好安全帽，严禁穿硬底、铁掌等易滑的鞋。

（4）高处作业所使用的梯子不得有缺档，斜搭梯和人字梯必须有人扶梯，梯子不得垫高使用，下端应采取防滑措施。

（5）在吊顶内作业时，切勿踏在非承重的地方，也不得依靠非承重点着力。吊顶内承重点应事先确认并明显标记。

（6）在电气设备检测时，要注意在配电箱或开关处挂警示牌或安排专人看守。

（7）接触电气设备时，要按电气安全规程作业，随身携带试电笔并有检查记录。

（8）电气设备送电必须在线路检查合格后才能进行。

（9）使用仪器和设备时，要按照仪器及设备的安全操作规程合理使用。

（10）在设备运行前，必须对设备进行仔细检查，防止异物损伤设备。

（11）在调试过程中，必须遵守各项环保措施。调试过程中形成的固定废弃物要分类处理，不能随便丢弃。

（12）水银温度计、压力计的使用要严格遵守操作规程，防止破碎后水银污染环境。

2.4.10 附表

附表可参见相关的国家标准和地方、行业有关规范，鉴于篇幅有限，这里不一一列举。

单 元 小 结

空调系统试运行与调试是实现系统由静到动，最终实现工程设计技术指标的重要施工过程。对于大、中型空调系统应编制试运行调试方案。试运行调试工艺方法是方案的核心内容，应根据国家、地方、行业相关验收标准、技术规范和空调工程设计文件编写。详细说明空调系统试运行调试的工艺流程、运行设备、检测项目、工艺方法和质量标准。空调系统试运行前，技术负责人应组织全体作业人员进行方案的技术交底，落实各环节协调配合、质量控制、检测评定、安全环保等措施，并形成完整的交底记录。空调系统试运行调试前做好详细的技术、仪器设备和现场准备工作。

思 考 题 与 习 题

1. 国家现行统一标准和验收规范的指导思想是什么？
2. 空调系统试运行与调试工作由谁负责主持？试运行与调试主要包括哪些子分部工程？
3. 熟悉验收规范对空调系统试运行与调试的检验批检验项目和质量标准。
4. 熟悉统一标准和验收规范的基本技术原则，简述空调系统试运行与调试的基本程序。
5. 空调系统试运行与调试作业准备有哪些工作？
6. 空调系统试运行与调试方案应有哪些内容？编制试运行调试工艺方法应依据哪些技术资料。
7. 空调系统试运行调试应如何做好成品保护和安全与环保工作？
8. 确定空调系统试运行调试工艺方法为什么应优先选用成熟的方法？这样做有哪些好处和缺点？
9. 根据现行国家标准《建筑工程施工质量检验统一标准》GB 50300 制定的检验批质量验收记录表格式，以及《通风与空调工程施工质量验收规范》GB 50243 的相关规定，填写空调系统调试检验批质量验收记录表中"验收规范的规定"栏目的主控项目和一般项目条目。

教学单元 3　空调电气与自动控制系统调试

【教学目标】通过本单元教学，使学生了解空调自动控制系统工作过程，了解电气与自动控制系统检测调试的基本内容与要求，初步具备在空调系统试运行调试中与弱电技术人员协调配合的工作能力。

空调电气与自动控制系统的检测调试工作应由有实际经验的电气与控制专业人员负责，暖通空调专业安装人员配合；而在空调系统无负荷联动试运行调试中，则是前者配合后者工作。电气与控制调试人员应参与空调系统试运行方案的编制。电气与自动控制系统调试大致可分为三步。第一步是为了满足风机、水泵和冷水机组等设备单机试运行，应先进行主回路（强电）系统检测，保证供电需要；第二步是在空调系统所有设备安装完毕后，可以对自动控制系统单独进行检测和模拟联动调试；第三步是与冷水机组联合运行调试及整个空调系统无负荷试运行调试。由于电气与控制内容超出本专业范围，因此本章主要为空调设备安装调试人员介绍检测与调试的基本知识。

3.1　空调自动控制与调节系统基本知识

3.1.1　空调系统自动控制与调节的基本内容

空气调节的任务是使空调房间内的空气参数稳定在设计的范围内。空调自动控制的任务是对以空调房间为主要调节对象的空调系统的温度、湿度和其他有关参数进行自动检测和自动调节，以及对有关设备进行自动连锁和信号报警，以保证空调系统能在最佳工况点运行和对系统进行保护。空调系统自动控制与调节的基本内容主要有以下方面：

（1）空调房间的温度、湿度、静压的检测与调节；

（2）新风干、湿球温度的检测与报警；

（3）一、二次混合风的检测、调节与报警；

（4）回风温度和湿度的检测；

（5）送风温度和湿度的检测与调节；

（6）表面冷却器后空气温度和湿度的检测与调节；

（7）喷水室露点温度的检测与调节；

（8）喷水室或表面式冷却器给水泵出口水温和水压的检测；

（9）喷水室或表面冷却器进口冷水温度的检测；

（10）空调系统运行工况的自动转换控制；

（11）空调、制冷设备工作的自动连锁与保护；

（12）喷水室或表面式冷却器给水泵的转速自动调节；

（13）空气过滤器进、出口静压差的检测与报警；

（14）变风量空调系统送风管路静压检测及风机风压的检测、连锁控制；送、回风机的风量平衡自动控制；

（15）制冷系统中有关温度、压力（如冷凝温度、冷凝压力、蒸发温度、蒸发压力、蒸发器冷冻水进、出口处的水温、水压，冷凝器冷却水进、出口处的水温和水压，润滑系统中润滑油的压力、温度等）参数的检测、控制、信号报警、连锁保护等。

由于制冷系统的自动控制与调节有其相对特殊性，对这部分知识可学习本系列教材《制冷技术与应用》。

3.1.2 空调自动控制中的常用术语

（1）调节对象：指自动控制系统中需要进行控制的设备，或需要控制的生产过程的一部分或全部。例如某空调房间、某空气处理设备、冷水机组、热交换设备等，简称对象。

（2）调节参数：也称被调参数或被控量。在空调系统中，指需要由自动控制与调节系统将其稳定在允许范围内变化的物理量。例如空调房间内需要稳定的温度、湿度、静压等。

（3）给定值：也称设定值，即通过控制系统作用，希望使调节参数保持恒定，或按预先设定的规律随时间而变化的数值。例如空调房间要求温度和相对湿度值分别为：24℃、50％，这个预先规定的24℃和50％就是室内参数的给定值，给定值在控制器中设定。

（4）偏差：调节参数的实际值与给定值之间的差值称为偏差。它是控制器的输入信号，也是反馈控制系统用于控制的信号。如某空调房间要求室内温度为20℃，而经过调节系统调节后的房间温度为21℃，则21－20=1℃即为偏差。偏差有动态偏差和静态偏差之分。

（5）扰动：引起调节参数产生偏差的原因称为扰动或干扰。如室温调节产生的偏差可能会由于室外天气的变化，或由于热媒的温度或流量的改变而引起，则室外天气的变化、热媒温度或流量的变化都是干扰。

（6）敏感元件：用来感受调节参数大小和变化，并输出信号的元件，又称为传感器或一次仪表等。在空调系统中，根据控制需要，敏感元件会安装在空调房间内、空调机组内、风管和水管内以及制冷系统的蒸发器后等各处。

（7）控制器：指控制执行机构动作的二次仪表或装置，又称为调节器。它接受敏感元件输出的被控量信号，并将被控量的实测信号与给定值进行比较，检测偏差并对偏差进行运算，按照预定的调节规律向执行与调节机构发出调节指令。

（8）执行机构：接受控制器（调节器）的指令并驱动调节机构动作的装置称为执行机构。例如电磁阀的电磁铁，电动调节阀的电动机与驱动机构等。

（9）调节机构：直接影响和调节被调参数的机构称为调节机构，它是控制系统的末端装置，如两通或三通调节阀、风量调节阀、冷热媒管道上的阀门、电加热器的开关等。

3.2 空调自动控制与调节系统图例简介

3.2.1 空调自动控制与调节系统原理图

空调自动控制与调节系统原理图也称流程图。这种图用简单的图例符号和线条表示出控制系统各传感器、控制器、执行器等测控仪表之间，以及测控仪表与空调系统受控对象之间的联系。对空调设备安装调试人员和电气调试人员都容易理解。

1. 一次回风定露点空调系统控制原理图

图 3-1 是较典型的一次回风定"露点"控制原理图，集中式空调系统给两个空调区（a 区和 b 区）送风，而且 a 区和 b 区室内热负荷差别较大，需增设精加热器（电加热器 aDR，bDR）分别调节 a、b 两区的温度。由于散湿量比较小，或两区散湿量差别不大，可用同一机器露点温度来控制室内相对湿度。适用于余热变化而余湿基本不变的场合。

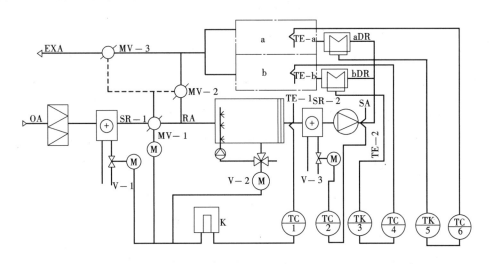

图 3-1　一次回风定露点空调系统控制原理图

该控制系统中有三种控制点，即：室内温度控制点两个（分别设在 a 区和 b 区），送风温度控制点（设在二次加热器 SR—2 后面的总风管内）和"露点"温度控制点（设在喷水室出风口挡水板后面）。其控制过程为：

(1)"露点"温度控制，该系统由温度传感器 TE—1、控制器 TC—1、电动二通阀 V—1、加热器 SR—1、电动三通阀 V—2 和喷水室等组成。

夏季由传感器 TE—1 将喷水室后的空气温度信号传递给控制器并与设定值比较，由 TC—1 控制电动三通阀动作，改变冷冻水与循环水的混合比来自动控制"露点"温度。冬季则是通过电动二通阀 V—1 调节新风 OA 的加热量，使新风温度能在经过一次混合后的状态点落在"露点"的等焓线上，再经喷水室绝热加湿，维持"露点"温度恒定。过渡季节当新、回风混合点落在"露点"的等焓线以上时，则改由 TC—1 控制新、回风阀，逐步加大新风量比例，使混合点下落到"露点"的等焓线上。当新风状态点上升至"露点"等焓线以上时，采用最大新风量并启动冷冻水系统。

为了避免一次加热器 SR—1 加热的同时向喷水室供冷冻水，在电气线路上还应保证电动三通阀和电动二通阀之间互相连锁，即仅当喷水室全部喷淋循环水时才使用一次加热器。反之，则仅当一次加热器的电动二通阀处于全关位置时才向喷水室供冷冻水。控制盘上的转换开关 K 用于各种工况的转换。在有些自动控制系统中，季节工况的转换也可由自动转换装置来完成。

(2) 送风温度的控制系统由温度传感器 TE—2、控制器 TC—2、电动二通阀 V—3 和加热器 SR—2 组成，主要是对二次加热器的控制。当风机后传感器 TE—2 测到温度偏离设定值时，由控制器 TC—2 调节电动二通阀 V—3 改变加热器 SR—2 的供热量来维持该点温度稳定。送风含湿量由"露点"确定，不会变化。

（3）a区室温控制系统由a区传感器TE—a、控制器TC—6、电压调整器TK—5、电加热器aDR及a区对象组成。b区也有相对应的控制系统。两区的余热不同，或本区的余热变化，表现为ε线的斜率不同，但送风点在过"露点"的同一条等湿线上，通过对精加热器（电加热器）加热量的控制，使送风点上移或下移来实现室内温度稳定。

2. 露点送风空调系统DDC控制原理图

图3-2是一次回风露点送风空调系统DDC控制原理图。"露点送风"适用于要求不高的舒适性空调建筑。该系统新风阀、回风阀和排风阀协调动作，当新风电动阀开大时，排风电动阀也开大，而回风电动阀关小；当新风电动阀关小时，排风电动阀也关小，而回风电动阀开大，从而改变新风与回风的比例。在新风入口处和回风管道中分别安装T_1、H_1和T_2、H_2两组温、湿度传感器，分别监测新、回风的干球温度和相对湿度。控制器根据所测参数计算新风、回风焓值并进行比较，由此根据季节和回风（室内）空气状态确定对空调系统设备的调节模式。夏季和冬季采用最小新风量，过渡季节采用全新风或调节新、回风混合比。控制系统主要功能有：

（1）冬季，用回风温度传感器T_2监测回风温度，控制加热器热水电动阀，调节热水流量；冬季过渡季，控制新风阀、回风阀和排风阀的开度，调节新、回风混合比，使回风温度控制在设定的范围内。

（2）夏季，用回风温度传感器T_2监测回风温度，控制冷冻水电动阀，调节冷冻水流量，使回风温度控制在设定的范围内；夏季过渡季由测得室内、外空气焓差值控制新风阀、回风阀和排风阀的开度。

（3）由回风通道的湿度传感器H_2实测回风通道的湿度信号，通过控制蒸汽阀的开度来调节蒸汽流量，使回风湿度保持在设定的范围内。

（4）过滤器状态监测，由压差开关检测过滤器两侧压力差ΔP，当达到设定值需要更换或清扫时，发出报警信号，及时提醒管理人员更换或清扫，保证空气品质和恢复过滤器正常阻力。

（5）过渡季节供热尚未开始时，若遇骤然降温天气，为防止表冷器盘管冻裂，空调机组设置防冻报警和连锁控制。使用传感器T_3监测表冷器前空气温度，当温度降至报警设定值（一般5℃）时，系统发出防冻报警，停止冷冻水泵和风机运行，或启动供热系统。

（6）对送、回风机的控制包括：

1）风机自动启停控制，信号DO；

2）根据风机两侧压差比较，监控风机运行状态，信号DI；

3）风机电机故障监测报警，信号DI；

4）风机手/自动状态监测，信号DI。

DDC现场控制器位于监控系统的中间层，向上连接中央监控站，中央站可以显示室外空气及回风的温度、相对湿度和焓值，以及送风机、回风机、冷水阀、热水阀、蒸汽阀、新风阀、排风阀和回风阀的运行状态及报警信号等，并可对设备直接控制，修改最小新风比、送风参数、室内参数设定值和风机启停程序，记录和打印设定、运行参数，积累和分析运行数据。

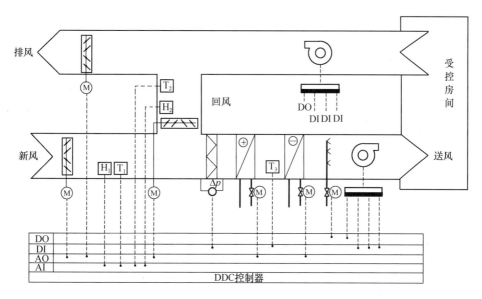

图 3-2　一次回风露点送风空调系统 DDC 控制原理图

由于空调设备安装调试人员熟悉空气调节方案和工况，因此应具备读识和绘制空调自动控制与调节系统原理图的能力，并将原理图用作与电气调试人员技术交流的工具。

3.2.2　空调自动控制与调节系统接线图

空调自动控制与调节系统接线图全面反映了控制系统各传感器、控制器、执行器等测控仪表之间的接线端子的接线方式。对于集散式控制系统，还要表示分站（DDC 控制器）与中央站之间的总线联系。由于控制系统中的调节机构（如风机、水泵、电磁阀、电动调节阀、电动风阀、电加热器等）同时也是空调系统设备，因此设备调试人员有必要了解控制系统接线图。

读识控制系统接线图必须先通过产品说明书熟悉测控仪表的性能特点，了解接线端子属性和位置。根据端子用途分别有电源端子、输入、输出端子。对 DDC 控制器，输入、输出端子还可以分为数字量输入（DI）、数字量输出（DO）、模拟量输入（AI）、模拟量输出（AO）、通用输入（UI）和输出（UO）等等，有关控制理论和测控仪表这里不作介绍，可参阅相关书籍。下面通过几个示例帮助设备安装调试人员了解控制系统接线图。

1. 风机盘管电气与控制接线图

风机盘管空调系统一般多用在宾馆的客房、写字楼、公寓等舒适性空调的场合。图 3-3、图 3-4 分别是双管制和四管制风机盘管电气与控制接线图。双管制风机盘管在冬、夏季运行时共用同一管道系统输送冷、热媒，其冷热源的切换在冷冻水泵房和热交换站内进行。图 3-3 采用 HW-TC6012/TV2 型风机盘管温控器，三线制开关型电动水阀。三通阀应用在设置有旁通的系统，不需要制冷（或供热）时，冷冻（或热）水旁通回流不经过盘管。当系统不设置旁通时选用二通阀。

图 3-4 所示四管制风机盘管机箱内同时装有冷盘管和热盘管，各自使用单独的冷（热）水供、回水管系统。冷冻水阀和热水阀均使用两线阀。由 HW-TC6012/V4 型温控器控制。HW-TC6012 系列温控器强弱电端子标示说明见表 3-1。

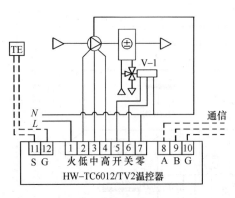

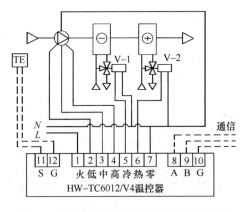

图3-3 双管制风机盘管电气与控制接线图　　　图3-4 四管制风机盘管电气与控制接线图

HW-TC6012系列温控器强弱电端子标识说明　　　　　　　　　表3-1

端子标识	端子说明	备注
火	接交流220V火线	强电端子
低	接风机低速火线端	
中	接风机中速火线端	
高	接风机高速火线端	
阀	接电动阀火线端	
冷	接冷冻水电动阀火线端	
热	接热水电动阀火线端	
开	接三线阀开阀线	
关	接三线阀关阀线	
零	接交流220V零线	
A（红色）	接485通讯线A端	弱电端子
B（黑色）	接485通讯线B端	
G（黄色）	接485通讯地线	
I（蓝色）	接开关信号线	
G（黄色）	接信号地线	
S（白色）	接传感器信号线	

　　图3-5所示是温控器面板。液晶屏可显示工作状态（制冷、制热、通风）、风机风速、室内温度、设定温度、电动水阀动作状态等。按键从左至右分别是开关键、工作模式设定键、风速设定键、上键、下键。温控器主要功能有：

　　（1）依据设定的工作状态、风速和温度，根据环境温度控制风机及电动水阀的开、关，从而实现对室内温度的调节。

　　（2）联网型温控器可以实现联网，上位机可以实时读取和改变温控器的参数设定。可根据运行情况，存储有效制冷（制热）条件下风机各挡位有效运行时间，用户可通过按键查询，上位机可以由读取的运行时间进行计费。

　　（3）自动或手动控制三挡风速。低温保护功能，当室内温度低于5℃时，自动启动风机，防止冻裂盘管。

（4）支持外接温度传感器，敏感元件采用 NTC 负温度系数热敏电阻。图 3-3、图 3-4 中外接温度传感器一般安装在风机盘管回风口处。

图 3-5　温控器面板示意图

2. 冷水机组与风机盘管接线示意图

空调系统有多种设备组成和工作模式，电气及控制系统图复杂，但安装人员仅需完成对设备、仪表之间的强弱电端子确认和外部布线连接工作。图 3-6 是使用约克冷水机组的小型空调系统联机控制器与风机盘管温控器端子接线示意图。

联机控制器具有风机盘管开机后，对主机联动开机的功能。该联机控制器可连接 8 路风机盘管，L1～L8 端子接各个风机盘管温控器的电动阀线，无相序要求。当 L1～L8 都无信号（0V）时，开关切换到 NCOM-NC，停止主机运行；当 L1～L8 任意一路或多路有信号（220V）时，开关切换到 NCOM-NO，启动主机运行。冷水机组与风机盘管的联系见图 3-7。

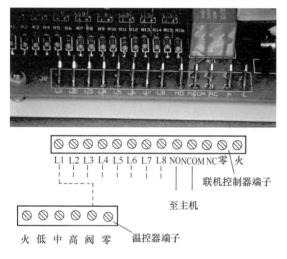

图 3-6　联机控制器与温控器端子接线示意图

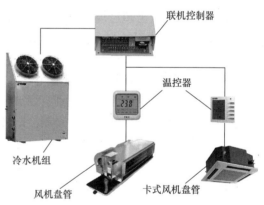

图 3-7　冷水机组与风机盘管联系示意图

3. 新风机组控制系统接线图

图 3-8 是两管制冷、热合用盘管的新风机组控制系统接线图，风道温度传感器 TE—1 检测送风温度。信号送至控制器 TC—1 与设定值比较。根据 PI 运算结果，控制器输出相应信号控制电动阀 V—1，调节冷、热水量使送风温度保持在所要求的范围内。

装于冷、热水进水管上的恒温器 TT—1 可进行系统冬、夏季节工况转换。夏季时，系统供冷水，TT—1 控制触点断开，Y1 输出切换至正向动作，当送风温度升高时，电动阀 V—1 开大，使送风温度下降。冬季时，系统供热水，TT—1 的控制触点闭合，Y1 输出切换至反向动作，当送风温度低于设定值时，电动阀 V—1 开大使送风温度上升。

电动调节阀与风机连锁，当切断风机电源时，电动阀关闭（有防冻要求的场合可通过行程限位器将热水阀的阀位保持在要求的开度）。新风入口处的风阀执行器 DA—1 与风机连锁，当送风机启动时新风风阀全开；反之全关。压差开关 DPS—1 用于检测机组过滤器

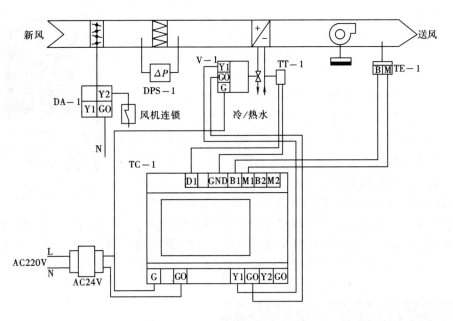

图 3-8　新风机组控制系统接线图

两侧的空气压差，当超过规定值时发出报警信号。

4. 冷水机组水系统自动控制接线图

（1）工艺流程

1）工艺流程：由图 3-9 可以看出，冷冻水回水进入冷水机组后，经冷水机组将其制冷，然后将制冷后的冷冻水输送到空调需要用冷的设备中，这个循环由冷冻水泵完成。冷冻水回水在蒸发器放出的热量，经制冷剂带至冷凝器，再由冷却水带到冷却塔排出。冷却水在冷却塔降温后再送回到冷水机组，这个循环由冷却水泵完成。第一个循环是输出冷量而把热量带回，第二个循环则是把热量带走把冷却量带回。

该系统启动程序为冷冻水泵→冷却水泵→冷却塔风机→制冷机。停机程序为制冷机→冷冻水泵→冷却水泵→冷却塔风机。为了系统控制程序的可靠，冷冻水流开关和冷却水流开关的接点串接在冷冻机启动的出口继电器回路里，使之与附泵连锁。

两个循环启动后，制冷机将正常工作，同时在系统设置测量元件、调节控制装置和水流信号元件，以保证系统的正常运转。冷冻水泵和冷却水泵由电控箱控制，冷却塔风机则受调节控制装置的控制。

2）仪表及自动装置的设置：

①在冷却塔出水管道上设温度传感器和温度调节指示控制仪表，控制冷却塔风机的启停并调节进水管道上的三通阀，控制其进水量。

②在冷冻水供水、回水管道上设差压调节器，测量系统供水、回水之间的差压值，然后控制电动阀的开度，使系统稳定。

③在冷冻水供水管路和冷却水回水管路上分别设置水流开关，作为制冷机启动的连锁条件。

（2）自动控制与调节过程。

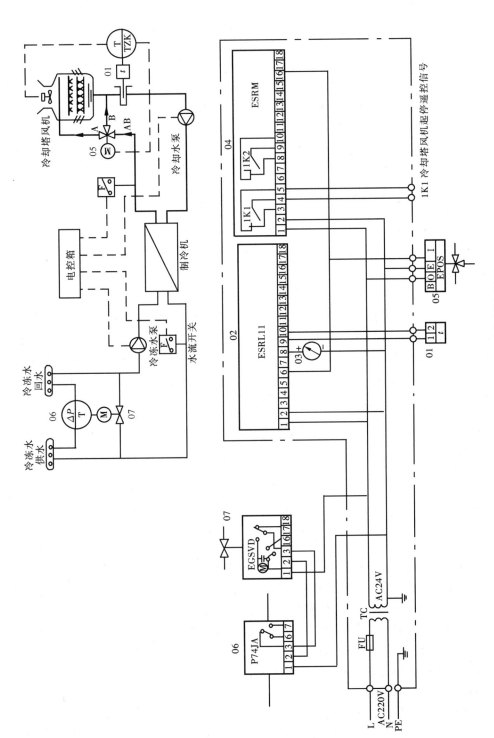

图 3-9 冷水机组水系统自动控制接线图

1）系统采用 220V 交流电源，控制调节部分采用经 TC 变压后的 24V 交流电源。

2）系统中冷却塔出水温度采用 EVF020/40 型温度传感器 01，将水温信号变为电信号送到 ESRL11 型连续式定值控制器 02 中，控制器输出为连续的 P 或 PI 信号，对系统冷却塔出水温度进行调节。设置出水温度为 T0，对应控制器输出电压为 0V，偏差为 0，当偏差为正值时，输出信号则控制二步继电器 04ESRM 动作，其接点 1K1 遥控冷却塔风机的启停状态；当偏差为负时，则改变电动阀 05（带定位器）EPOS 的开度，调节送入冷却塔的水量。同时由指针温度显示器 03（型号 FA1 T020/40）显示探测部位的回水水温。

3）系统中冷冻水压差采用 P74JA 型压差控制器 06 测量压差，并用其接点控制电动阀 07EGSVD 的开度，使系统保持稳定。

接线图主要表示控制系统的接线方式，由于设备调试人员对控制系统和测控仪表了解不多而比较陌生，但电气调试人员却容易理解。因此只有双方相互沟通，才能编制出切实可行的试运行调试方案。

3.3 空调电气与自动控制系统通电前的检查测试

电力是整个空调系统的动力来源。主回路是指空调系统各设备电源开关以后的供电系统，主要是风机、水泵和制冷压缩机等设备的电机拖动系统，同时也向电加热器、加湿器和自动控制系统提供电力，在工程中常称为强电系统。空调系统的电气设备主要有各种配电柜（箱）、电动机和电加热器、电加湿器等。电气设备与主回路检查测试是整个空调系统试运行调试中第一项检查测试工作，只有在该工序合格后才能进行后续试运行检测与调试。

3.3.1 主回路通电前的检查

1. 配电柜（箱）的检查

（1）电器安装的检查：

1）电器元件质量良好，型号、规格应符合设计要求，外观应完好，且附件齐全，排列整齐，固定牢固，密封良好。

2）各电器应能单独拆装更换，且不应影响其他电器和导线束的固定。

3）发热元件宜安装在散热良好的地方；两个发热元件之间的连线应采用耐热导线或裸铜线套瓷管。

4）熔断器的熔体规格、自动开关的整定值应符合设计要求。

5）切换压板应接触良好，相邻压板间应有足够的安全距离，切换时不应碰及相邻的压板，对于一端带电的切换压板，应使在压板断开的情况下，活动端不带电。

6）信号回路的信号灯、光字牌、电钟、电笛、事故电钟等应显示准确，工作可靠。

7）盘上装有装置性设备或其他有接地要求的电器，其外壳应可靠接地。

8）带有照明的封闭式盘、柜应保证照明完好。

（2）端子排安装的检查：

1）端子排应无损坏，固定牢固，绝缘良好。

2）端子应有序号，端子排应便于更换且接线方便，离地高度宜大于 350mm。

3）回路电压超过 400V 者，端子板应有足够的绝缘并涂以红色标志。

4）强、弱电端子宜分开布置；当有困难时，应有明显标志并设空端子隔开或设加强绝缘的隔板。

5）正、负电源之间以及经常带电的正电源与合闸或跳闸回路之间，宜以一个空端子隔开。

6）电流回路应经过试验端子，其他需断开的回路宜经特殊端子或试验端子。试验端子应接触良好。

7）潮湿环境宜采用防潮端子。

8）接线端子应与导线截面匹配，不应使用小端子配大截面导线。

（3）配电柜（箱）的正面及背面各电器、端子牌等应标明编号、名称、用途及操作位置。其标明的字迹应清晰、工整，且不易脱色。

（4）配电柜（箱）上的小母线应采用直径不小于 6mm 的铜棒或铜管，小母线两侧应有标明其代号或名称的绝缘标志牌，字迹应清晰、工整，且不易脱色。

（5）手车或抽屉式开关柜在推入或拉出时应灵活，机械闭锁可靠；照明装置齐全。

2. 引入配电柜（箱）内的电缆及其芯线的检查

（1）引入配电柜（箱）的电缆应排列整齐，编号清晰，避免交叉，并应固定牢固，不得使所接的端子排受到机械应力。

（2）铠装电缆在进入配电柜（箱）后，应将钢带切断，切断处的端部应扎紧，并应将钢带接地。

（3）用于静态保护、控制等逻辑回路的控制电缆，应采用屏蔽电缆。其屏蔽层应按设计要求的接地方式予以接地。

（4）橡胶绝缘的芯线应外套绝缘管加以保护。

（5）配电柜（箱）内的电缆芯线，应按垂直或水平有规律的配置，不得任意歪斜交叉连接。备用芯线长度应留有适当余量。

（6）强、弱电回路不应使用同一根电缆，并宜分别成束分开排列。

3. 直流回路中具有水银接点的电器，电源正极应接到水银侧接点的一端。

4. 在油污环境，应采用耐油的绝缘导线。在日光直射环境，橡胶或塑料绝缘导线应采取防护措施。

5. 检查配电柜（箱）内不同电源的馈线间或馈线两侧的相位应一致。

3.3.2 二次回路通电前的检查

1. 二次回路的连接件均应采用铜质制品；绝缘件应采用自熄性阻燃材料。

2. 二次回路电气间隙和爬电距离的检查：

（1）配电柜（箱）内两导体间，导电体与裸露的不带电的导体间，应符合表 3-2 的要求。

允许最小电气间隙及爬电距离（mm）　　　　　　　　　表 3-2

额定电压（V）	电 气 间 隙		爬 电 距 离	
	额定工作电流		额定工作电流	
	≤63A	>63A	≤63A	>63A
≤60	3.0	5.0	3.0	5.0
60<V≤300	5.0	6.0	6.0	8.0
300<V≤500	8.0	10.0	10.0	12.0

（2）屏顶上小母线不同相或不同极的裸露载流部分之间，裸露载流部分与未经绝缘的金属体之间，电气间隙不得小于 12mm；爬电距离不得小于 20mm。

3. 二次回路接线的检查：

（1）按图施工，接线正确。

（2）导线与电气元件间采用螺栓连接、插接、焊接或压接等，均应牢固可靠。

（3）配电柜（箱）内的导线不应有接头，导线芯线应无损伤。

（4）电缆芯线和所配导线的端部均应标明其回路编号，编号应正确，字迹清晰且不易脱色。

（5）配线应整齐、清晰、美观，导线绝缘应良好，无损伤。

（6）每个接线端子的每侧接线宜为 1 根，不得超过 2 根。对于插接式端子，不同截面的两根导线不得接在同一端子上；对于螺栓连接端子，当接两根导线时，中间应加平垫片。

（7）二次回路接地应设专用螺栓。

4. 配电柜（箱）内的配线电流回路应采用电压不低于 500V 的铜芯绝缘导线，其截面不应小于 2.5mm²；其他回路截面不应小于 1.5mm²；对电子元件回路、弱电回路采用锡焊连接时，在满足载流量和电压降及有足够机械强度的情况下，可采用不小于 0.5mm² 截面的绝缘导线。

5. 用于连接门上的电器、控制台板等可动部位导线的检查：

（1）应采用多股软导线，敷设长度应有适当裕度。

（2）线束应有外套塑料管等加强绝缘层。

（3）与电器连接时，端部应绞紧，并应加终端附件或搪锡，不得松散、断股。

（4）在可动部位两端应用卡子固定。

3.3.3 绝缘及接地电阻的测试

1. 绝缘电阻的测量应在下列部位进行，对额定工作电压不同的电路，应分别进行测量。

（1）低压电器主触头在断开位置时，同极的进线端及出线端之间。

（2）低压电器主触头在闭合位置时，不同极的带电部件之间、触头与线圈之间以及主电路与同它不直接连接的控制和辅助电路（包括线圈）之间。

（3）主电路、控制电路、辅助电路等带电部件与金属支架之间。

2. 测量绝缘电阻所用的电压等级及所测量的绝缘电阻值，应符合现行国家标准《电气装置安装工程电气设备交接试验标准》GB 50150 的有关规定。

（1）测量绝缘电阻一般采用 500V 兆欧表。

（2）配电装置及馈电线路的绝缘电阻值不应小于 0.5MΩ，测量馈电线路绝缘电阻时，应将断路器、用电设备、电器和仪表等断开。

（3）二次回路的小母线在断开所有其他并联支路时，不应小于 10 MΩ。二次回路的每一支路和断路器、隔离开关的操动机构的电源回路等，均不应小于 1 MΩ。在比较潮湿的地方，可不小于 0.5MΩ。

3. 二次回路接线在测试绝缘时，应有防止弱电设备损坏的安全技术措施，如将强弱电回路分开，电容器短接，插件拔下等。测试完绝缘后应逐个进行恢复，不得遗漏。

4. 采用接地电阻测试仪（俗称接地电阻摇表）测量接地电阻，接地电阻值应符合设计规定。一般重复接地电阻要求小于等于4Ω。

3.4 空调电气与自动控制系统通电检查与调试

3.4.1 技术准备

空调自动控制与调节系统的安装、检测与调试应由有实际经验的电气调试人员负责。由于目前空调自动控制与调节系统类型很多，检查之前，参与调试的人员要仔细阅读控制系统原理图、电气接线图以及相关资料，理解控制系统的类型和对空调系统的控制过程，并着重了解以下内容：

（1）空调系统的服务范围与服务对象。各个空调房间的受控参数及调节要求，如空调房间的温湿度基数与允许波动范围，房间内外压差等。

（2）空调系统的工况分区。不同工况下投入运行的设备和空气调节过程。各执行调节机构的工作状态与动作要求，如阀门的全开、全关或连续调节、联动调节等。

（3）具有自动保护、自动连锁要求的设备，连锁与保护的目的与程序。如加热器与风机的连锁保护，新、回风门与风机的连锁保护等。

（4）测控仪表及设备类型、型号及技术指标，各传感器、控制器、执行器之间的输入、输出量性质，现场控制器与中央控制室之间的信号传输与监控。

3.4.2 系统检查、单体校检与调试试验

1. 系统检查

空调自动控制与调节系统检查主要有以下内容：

（1）依照安装施工图，核对各传感器（敏感元件与变送器）、控制器、执行器（执行与调节机构）等现场硬件的类型、型号和安装位置。

（2）依照接线图，仔细检查各传感器、控制器、执行器接线端子上的接线是否正确。安装时最好将信号传输与接线端子属性写在硬纸片上，并粘贴在接线两端，以方便检查。

（3）检查各接线端子应连接紧固，避免接收信号失真。

系统检查应由设备调试人员和电气调试人员配合进行，切忌粗心大意。例如有的工程，管工将冷冻水管上斜向安装的温度传感器套管装反，电气调试人员检查也未发现，结果增加了冷量调试的困难。

2. 单体校检

依照控制设计与产品说明书的要求，对传感器、控制器、执行器以及其他控制仪表进行现场校检。主要是仪表及设备的外部质量检查，诸如零点、工作点、满刻度、精度等一般性能校检和动作试验调整。

（1）敏感元件的外观检查与校检

1）检查所有敏感元件的型号、精度、分度号与所配的二次仪表是否相符。

2）检查外保护套、罩，接线端子与骨架是否完好。

3）检查热电阻丝不应有错乱、短路和断路现象。对接点水银温度计，检查表面是否平滑，有无划伤，分度值是否与设计文件符合，水银柱不能有断柱和气泡等。

4）需进行温度比较的供、回水温度测点传感器，应选用量程范围的上、下限误差方

向相同的传感器。如果是热电阻，在量程范围上、下限的阻值应尽量接近。

5）校检方法应符合仪表说明文件的规定。严禁在厂家标定的测量范围之外进行校检，防止损坏仪表设备。

【示例 3-1】热电阻校检方法。

校检时准备标准玻璃温度计一只（或标准铂热电阻温度计一套），恒温器一套（−50～＋200℃），标准电阻（10 或 100Ω）、电位差计、分压器和切换开关各一个。接线如图3-10 所示。

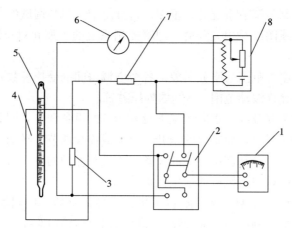

图 3-10　热电阻校检接线图
1—电位差计；2—切换开关；3—被校检热电阻；4—恒温箱；5—标准温度计；
6—毫安表；7—标准电阻；8—分压器

校检方法是：将热电阻放在恒温器内，使之达到校验点温度并保持恒温，然后调节分压器使毫安表指示值约为 4mA（电流不可过大，以免影响测量准确度），将切换开关切向接标准电阻 R_B 的一边（切换开关向上），读出电位差计示值 U_B；然后立即将切换开关切向被校检热电阻 R_C（切换开关向下）一边，读出电位差计示值 U_C。按公式 $R_C = \dfrac{U_C}{U_B} R_B$ 可求出 R_C。在同一校检点需反复测量几次，取其平均值与分度表比较，如误差在允许误差的范围内，则认为该校检点的 R_C 值合格，并记录误差方向。仪表校准点应在仪表全量程范围内均匀选取，一般不少于 5 点。因此可取量程的 0、25%、50%、75% 和 100% 的温度点作为校检点，如均合格，则此热电阻校检完毕。

热电阻可利用冰点槽和水沸腾器校检 0℃ 与 100℃ 时的电阻值，如 R_0 和 $\dfrac{R_{100}}{R_0}$ 两个参数的误差在允许误差的范围内，即为合格。

（2）二次仪表调试试验

调试试验是对控制器输入假信号检查输出信号的正确性。调试时一般要求断开执行器。模拟控制器的输入信号一般为电阻、直流电流或电压信号，而输出多为电接点信号、连续的电流信号或可控硅触发信号及电压信号等。控制器可在实验室或现场校验，使用标准电阻箱、直流电源和电压源作为控制器的输入信号。在其输出端测量其输出信号的类型和大小。

1）控制器试验：当执行机构为继电器时，可断开调节机构。首先接通控制系统电源降压变压器进线端，断开输出端，通电后在输出端检查电压应符合设计要求。然后接通控制系统电源降压变压器输出端，断开执行器，在控制器输入端输入假信号（例如用标准电阻箱产生假信号，对于开关量可以直接连通和断开输入端），用仪表在输出端检测输出信号应符合要求。在测试信号时，为避免仪器仪表（电压信号 0～10V，电流信号 0～20mA 或 4～20mA）受强电磁场的干扰，应将信号线除采用屏蔽较好的电缆外，还应尽量远离动力电缆、变频负荷电缆等强高频电磁干扰的电缆。

位式控制器试验，如感温元件为接点水银温度计，应试验输入端的两个接点在接通和断开时灵敏继电器的动作是否正确。以热电阻作为感温元件的，则应以标准电阻箱代替热电阻，在改变电阻箱电阻值后，根据调节过程（P、PI、PID）和控制要求，观察各灵敏继电器的动作情况（吸合或释放），找准灵敏继电器的触头（常开或常闭），排除控制失误故障。对于连续输出控制器，应检测输出信号是否符合仪表规定。对设有手—自动转换开关的控制器，应检查手动输出信号。

用于冷冻水系统旁通装置的压差控制器和风系统的微压差控制器，安装前应进行设定值的调试。冷冻水系统的压差控制器用水试验，在压差控制器的两端口均安装临时接管、手动试压泵、压力表和阀门。在压差控制器的高、低压端按设计工况压力分别施加压力 P_A 和 P_B，使 $\Delta P = P_A - P_B$ 等于设定值，用万用表检测触点通断情况。然后增大或减小 P_B，再检测触点通断变换情况，触点通断变换应与水量调节要求一致。若不一致，应调节弹簧压力使其一致。

对风系统的微压差控制器应向高、低压端引入等于设定值的静压差，静压差先用毕托管和微压计检测，然后对微压差控制器检测调节。

2）对动圈式仪表试验调整应做到以下几点：

①检查仪表分度号与热电阻分度号是否相符。

②检查仪表附件是否齐全（安装螺钉、安装板，外接电阻等）。

③动圈仪表在运输过程中为了防止仪表内动圈的摆动，用导线将动圈短接。在正常使用时应将短接线拆掉。

④按说明书要求接好热电阻，并用电桥调整外接电阻到规定值。

⑤给仪表通电，用标准电阻箱代替热电阻，当改变电阻值时，观察仪表工作是否正常。

⑥将标准电阻箱调整到热电阻在 0℃时的电阻值，调整仪表的零点。

⑦将给定温度指针调整到要求的数值上。

（3）DDC 控制器的测试

DDC 控制器的现场测试应按照产品技术文件及使用的具体条件进行，一般可测试以下内容。

1）目视检查 DDC 盘内所有电缆和端子排，安装应正确无损坏，确认按技术手册的详细步骤安装完毕。

2）控制盘安装完后，先不安装控制器，使用万用表检测线路、接地与外部所有输入点、输出点间的电压、电流及电阻值，严防强电串入弱电回路。

3）DDC 盘内电源开关置于"断开"位置。检查供电电源电压，确认符合要求后，将主电源从机电配电盘送入 DDC 箱。

4）闭合 DDC 盘内电源开关，检查供电电源电压和各变压器输出电压，确认符合要求后断开 DDC 盘内电源开关，安装控制器模块。

5）闭合 DDC 盘内电源开关，检查电源模块、控制模块和扩展模块指示灯是否指示正常。

6）完成设备的软件编程。编程工作包含参数点、物理点、控制逻辑、控制策略、报警及事件配置等，程序编制完成后下载至对应的控制器中。

因空调控制系统的各种敏感元件安装在空调房间、设备和管道中，空调系统中的各种阀门、风机和水泵同时也是控制系统的执行与调节机构和监测对象，因此，在控制系统检查与调试中，暖通空调技术人员应做好配合工作。

（4）执行机构与调节机构试验

1）电动执行机构及电动调节阀门检查。

①用 500V 兆欧表测量线圈与外壳间的绝缘电阻，应不低于 0.5MΩ。

②接通电源，执行机构正向和反向移动时用秒表测出通过全行程的时间（补偿速度）。

③检查执行机构在上、下限位置（由终端开关控制）时，调节阀门是否在相应的极限位置上，如不合适，用手拨动调节阀传动齿轮，使阀杆上升或下降，直到不能转动为止，以确定阀门已到极限状态。以此来调整相应的终端开关位置。

2）电加热器的检查。

①用 500V 兆欧表测电阻丝与外壳间的绝缘电阻值，应不低于 0.5MΩ。

②将电加热器加上额定电压，用功率表或用伏安表测量电加热器的功率应符合规定。

③电加热器应与风机联动运行，风机不启动不得给电加热器通电。

3）其他元件的试验。

①电子继电器应检查线路是否正确。电子继电器接上电源，用导线将接往接点水银温度计的两个端反复短路和开路，观察继电器动作是否正常。

②脉冲通断仪外观检查应无机械损伤，接点接触应良好。根据设计要求，整定好通断时间。

3.4.3 空调自动控制系统联动调试

空调自动控制系统联动调试是对控制系统输入假信号或手动，检查系统各元件动作的正确性。另外要检查系统中各连锁控制是否符合要求。联动调试必须征得甲方和建筑电气施工单位的同意。下面简单介绍联动调试的基本内容：

1. 熟悉各个自控环节（如温度控制、相对湿度控制、静压控制等）的自控方案和控制特点；全面了解设计意图及其具体内容，对各个控制回路的组成原理要认真学习；对测量元件和调节阀的规格、安装位置和接触介质的性质及有关管线的布局和走向都要心中有数，熟练掌握紧急情况下的故障处理方法。

2. 综合检查：检查控制器及传感器（变送器）的精度，灵敏度和量程的校检和调试试验记录；检查反/正作用方式的设定是否正确；全面检查系统，在前面检查调试中拆去的仪表，断开的线路应恢复；电源电路应无短路、断路、漏电等现象。

3. 自动连锁保护系统是自控系统的重要部分，对整个空调系统起着安全保护的重要作用，不可等闲视之，投入运行前应仔细检查其功能，确保万无一失。自动连锁保护系统的检查包括硬件和软件检查两个环节。

（1）硬件是指自动连锁保护系统的所有仪表、连线及执行设备。要确保硬件安全可靠，做到软件发出指令，硬件就能完成相应的动作。

（2）软件是指自动连锁保护系统的逻辑，有些是用继电器实现的，有些是用编程语言实现的。不管何种形式，其目的都是在一定的条件下发出某种指令，通过硬件实现其逻辑功能。

4. 联动调试。

（1）将控制器手动—自动开关置于手动位置上，给仪表供电，被测信号接到输入端，开始工作。

（2）断开电动执行器中执行机构与调节机构的联系，使系统处于开环状态，将开关无扰动地切换到自动位置上。改变给定值或加入一些扰动信号，如用标准电阻箱代替热电阻模拟冷热偏差，执行机构动作若与设计相反，则应改变电动机接线，同时也改变终端开关。对接点水银温度计组成的调节系统，可直接接通或断开接点进行联动试验。

（3）用手动操作，以手动方式检查执行机构与调节机构的工作状况，应符合设计要求。

（4）人为施加信号，检查自动连锁保护和自动报警系统的动作情况。顺序连锁保护应可靠，人为逆向不能启动系统设备；模拟信号超过设定上、下限时自动报警系统发出报警信号，模拟信号回到正常范围时应解除报警。

【示例 3-2】空调机组控制系统及设备联动调试。

（1）检查所有电气及控制接线端子正确无误，设备具备运行条件。电气开关置于手动位置，送风风机停止状态时，BAS 终端确认防冻警报、过滤网、故障警报等反馈点的显示状态均无异常，风阀与冷、热水控制阀为零开度显示，各设备为关闭状态。

（2）通过 BAS 终端手动依次将每个模拟输出点，如水阀执行器、风阀执行器、变频信号等手动置于 0、50%、100%（或取 5 点），用万用表测量相应的输出信号，观察设备的运行位置，应符合要求。若有较大偏差，应对执行机构中的机械部分进行调整。如果始终无法调整达到控制要求，则可判别阀门的非线性度过大，应将其更换。

（3）通过 BAS 终端手动，依次调节每个数字量输出点，如将风机手动置于开启，观察控制继电器动作情况，应有正确的动作响应。

（4）确认空调机组及风机可安全启动。手动启动风机，确认风机已经启动运行，风机运行状态压差开关应为"开"；手动停止风机，确认风机已经停止运行，风机运行状态压差开关应为"关"。

（5）启动风机运行，确认终端过滤器阻塞报警点显示"正常"，用干净塑料板（或纸板）阻塞过滤器，用检定合格的压差计检测过滤器前后压差大于压差开关的设定值。此时，终端过滤器阻塞报警点将显示过滤器阻塞并报警，移除纸板时，报警应结束。

（6）将机组防冻开关接触点短接，模拟防冻故障。此时，终端上应显示故障的报警信息并记录，风机自行进入关闭状态。同时，预热水阀、回风阀应打开，新风阀关闭。当防冻报警点接线恢复正常后，送风风机会自行重新启动，正常运行。

因空调设备及控制系统不同，联动调试程序和项目会有很大差异，主持调试的弱电技术人员应认真准备，仔细听取空调技术人员的意见。

在空调控制系统联动调试中若需起动设备，要有设备人员配合，防止出现事故和损坏设备。系统各环节工作正常，则恢复执行机构和调节机构的联系，联动试验结束。下一步进入系统运行对控制器参数整定阶段，此过程在空调系统无负荷联动试运行中进行。

单 元 小 结

空调电气系统是动力来源，而自动控制系统则是整个空调系统的大脑和神经。电气与自动控制系统检测调试合格并能投入正常运行，是空调工程安装后进行单机和全系统试运行调试的最基本条件。

在空调系统试运行调试中，需要暖通空调技术人员和弱电技术人员密切配合，因此，暖通空调技术人员应该了解与空调有关的强弱电基本知识。空调自动控制系统原理图是不同专业技术人员相互交流的重要工具。暖通空调专业的学生，学习本章需运用已经学过的空调技术课程的相关知识，重点领会自动控制对空调系统在全年运行的不同工况时，对空调设备所采取的不同调控形式和程序，并应培养应用空调自动控制系统原理图与弱电专业人员相互交流的能力。

本章同时介绍了空调电气与自动控制系统通电前对回路检测的基本内容和要求，以及自动控制系统设备、元件单体校检、调试试验和系统联调调试的基本知识。

思 考 题 与 习 题

1. 空调自动控制与调节的任务是什么？基本内容有哪些？
2. 工程中常说的一次仪表和二次仪表，在控制系统中分别指什么元件？
3. 简述一次回风定"露点"控制的控制过程。
4. 简述风机盘管的自动控制系统的控制过程。
5. 简述冷水机组及水系统的冷冻、冷却水循环过程；简述冷却水温度调节自动控制的工艺流程。
6. 配电柜（箱）的检查包括哪些方面？各有哪些具体内容？
7. 引入配电柜（箱）内的电缆及其芯线的检查包括哪些方面？
8. 二次回路通电前的检查包括哪些方面？
9. 绝缘及接地电阻的测试一般有哪些要求？
10. 空调电气与自动控制系统通电检查调试前的技术准备包括哪些内容？
11. 空调电气与自动控制系统通电调试前的检查包括哪些内容？
12. 空调自动控制系统执行机构与调节机构的单体试验包括哪些项目及内容？
13. 单体校检、模拟调试、联动调试有什么区别？
14. 试绘制图 3-7 从冷水机组至风机盘管的水系统图，并说明风机盘管所用冷冻水阀是两线阀还是三线阀。
15. 结合图 3-2，简述空调技术人员应如何向弱电专业人员介绍空调系统全年运行的不同工况和调控形式。

教学单元 4　空调水系统及制冷系统试运行与调试

【教学目标】通过本单元教学，使学生掌握空调水系统及制冷系统试运行与调试的基础知识，具备空调水系统及制冷系统试运行与调试的技能。

冷、热源及冷、热媒输送管路是空调系统的重要组成部分，并对空调系统的正常运行具有重要意义。空调安装工程中，制冷系统作为一个子分部工程，在安装工作完毕之后，必须进行试运行与调试使其正常工作，这对整个空调系统试运行与调试是极其重要的。制冷系统试运行之前，又必须先进行冷却水和冷冻水系统试运行与调试。本单元主要学习空调水系统及制冷系统试运行与调试的程序和方法。

4.1　冷却水系统与冷冻水系统试运行与调试

冷却水系统与冷冻水系统的调试可分为初调节和使用中的运行调节。初调节的目的是空调系统安装完毕后，通过试运行调节水系统使每个供水点的水流量达到设计的要求。本节主要讲解试运行过程中的初调节。

4.1.1　冷却水与冷冻水系统的试运行调试准备工作

1. 熟悉空调水系统施工图纸，理解设计者的设计意图，熟悉冷却水及冷冻水系统的形式、设备和工作程序及运行参数。

2. 冷却水及冷冻水系统应试压和清洗完毕，检查清洗记录并通过验收。

3. 试运行调试前，应对冷却水及冷冻水系统进行全面检查。试压和清洗时拆下的阀门和仪表应已复位，临时管道已拆除。设备、管道、阀门及仪表完整，固定可靠。系统具备试运行条件。

4. 根据编制的试运行调试方案对冷却水及冷冻水系统的调试要求，对操作人员进行技术交底。

5. 做好仪器、工具、设备、材料的准备工作。试运行调试所需要的工具、设备应进行检修，仪器在使用前必须经过校正。

4.1.2　水泵的试运行及调试

1. 水泵试运行的准备工作

(1) 检查水泵各紧固连接部位不得松动。用手盘动叶轮应轻便灵活，不得有卡塞、摩擦和偏重现象。

(2) 轴承处应加注标号和数量均符合设备技术文件规定的润滑油脂。

(3) 检查水泵及管路系统上阀门的启闭状态，使系统形成回路。水泵运转前，开启入口处的阀门，关闭出口阀，待水泵启动后再将出口阀打开。

2. 水泵的试运行及调试

(1) 水泵不得在无水情况下试运行，启动前排出水泵与吸入管内的空气。

（2）点动水泵，检查叶轮与泵壳有无摩擦声和其他不正常现象（如大幅度振动等），并观察水泵的旋转方向是否正确。

（3）水泵启动时，应使用钳形电流表测量电机的启动电流，待水泵正常运转后，再测量电机的运转电流，保证电机的运转功率或电流不超过额定值。

（4）在水泵运行过程中可用金属棒或长柄螺丝刀，仔细监听轴承内有无杂音，以判断轴承的运转状态。

（5）水泵连续运转 2h 后，滚动轴承运转时的温度不应高于 75℃，滑动轴承运转时的温度不应高于 70℃。

（6）水泵运转时，其填料的温升也应正常，在无特殊情况下，普通软填料允许有少量的泄漏，即不应大于 60mL/h（大约每分钟 10～20 滴），机械密封的泄漏不应大于 5mL/h（大约每分钟 1～2 滴）。

水泵运转时的径向振动应符合设备技术文件的规定，如无规定，可参照表 4-1 所列的数据。对转速在 750～1500r/min 范围的水泵，当满足表 4-1 中条件时，运转时手摸泵体应感到很平稳。

泵的径向振幅（双向值） 表 4-1

转速（r/min）	≤375	375～600	600～750	750～1000	1000～1500	1500～3000	3000～6000	6000～12000	>12000
振幅值（mm）	<0.18	<0.15	<0.12	<0.10	<0.08	<0.06	<0.04	<0.03	<0.02

水泵运转经检查一切正常后，再进行 2h 以上的连续运转，运转中如未再发现问题，水泵单机试运转即为合格。水泵运转结束后，应将水泵出、入口阀门和附属管系统的阀门关闭，将泵内积存的水排净，防止锈蚀或冻裂。试运行后应检查所有紧固连接部位，不应有松动。

4.1.3 冷却水系统的试运行及调试

1. 冷却塔试运行的准备工作

（1）清扫冷却塔内的夹杂物和尘垢，防止冷却水管或冷凝器堵塞。

（2）冷却塔和冷却水管路供水时先冲洗排污，直到系统无污水流出。系统试压并沿管路检察应无漏水现象。

（3）检查自动补水阀（多为浮球阀）的动作状态是否灵活准确。补水管、溢流管位置正确，无堵塞现象。

（4）对横流式冷却塔配水池的水位，以及逆流式冷却塔旋转布水器的转速等，应调整到进水量适当，使进、出水量达到平衡的状态。

（5）检测风机的电机绝缘情况及风机的旋转方向。

2. 冷却塔的试运行及调试

冷却塔试运行检测在冷却水系统试运行前期进行，记录运转情况及有关数据。如无异常现象，连续运转时间不应少于 2h。

（1）检查进、出水量是否平衡，以及补给水和集水池的水位等运行状况。

（2）测定风机的电机启动电流和运转电流值，应不超过额定值。

（3）运行时，冷却塔本体应稳固无异常振动，若有振动，查出使冷却塔产生振动的原因。主要原因可能来自风机及传动系统，或塔体本身刚度不够。

（4）用声级计测量冷却塔的噪声，其噪声应符合设备技术文件的规定。

（5）测量风机和电机轴承的温度，应符合设备技术文件的要求和验收规范对风机试运行的规定。

冷却塔在试运行过程中，管道内残留的以及随空气带入的泥沙尘土会沉积到集水池底部，因此试运行工作结束后，应清洗集水池，并清洗水过滤器。冷却塔试运行后如长期不使用，应将循环管路及集水池中的水全部放出，防止形成污垢和设备被冻坏。

3. 冷却水系统的调试

冷却水系统的调试在冷却水系统试运行后期进行。在系统工作正常的情况下，用压力表测定水泵的压力，用钳形电流表测定水泵电机的运转电流，要求压力和电流不应出现大幅波动。用流量计检测并对管路的流量进行调整，系统调整平衡后，冷却水流量应符合设计要求，冷却水总流量测试结果与设计流量的偏差不应大于 10%。多台冷却塔并联运行时，各冷却塔的进、出水量应达到均衡一致。

布水器喷嘴前的压力应调整到设计值，压力不足会使水颗粒过大，影响降温效果；压力过大会产生雾化，增加水量消耗。

4.1.4 冷冻水系统的调试

启动冷冻水泵，对管路进行清洗，由于冷冻水系统的管路长而且复杂，系统内的清洁度又要求高，因此在清洗时要求严格、认真，必须反复多次，直到水质满足要求为止。冷却水及冷冻水管路系统水压试验应符合设计和国家现行标准《建筑给水排水及采暖工程施工质量验收规范》GB 50242 的规定。

水质满足要求后，开启制冷机组蒸发器、空调机组、风机盘管的进水阀，关闭旁通阀，进行冷冻水管路的充水工作。在充水时，要注意在系统的各个最高点的自动排气阀处进行排气。充水完成后，启动冷冻水泵，使系统运行正常，用压力表测定水泵的压力，用钳形电流表测定水泵电机的电流，均应正常。用流量计对管路的流量进行检测，系统平衡调整后，各空调机组的冷冻水水流量应符合设计要求，允许偏差为 20%，冷冻水总流量测试结果与设计流量的偏差不应大于 10%。

空调水系统可能会因水力失调而使某些用水装置流量过剩，另一些用水装置则流量不足。因此，必须采用相应的调节阀门对系统流量进行合理调节分配。空调水系统调节的实质就是将系统中所有用水装置的测量流量同时调到设计流量。空调水系统的调节分为初调节和运行调节，这里只介绍初调节的基本方法。

为了消除管网水力失调现象，在大型空调水系统设计中常采用静态平衡阀或自力式流量控制阀来解决系统水流量的平衡和调节问题。下面介绍 5 种风机盘管阀门使用设计方案：

（1）在风机盘管管路的干管和各层支管上安装静态平衡阀，如图 4-1 中的 VZ 和 VG，各风机盘管安装电动二通阀。

（2）在风机盘管管路的干管、各层支管上安装静态平衡阀（VZ 和 VG），各风机盘管安装电动二通阀和静态平衡阀（VF），如图 4-1 所示。

（3）在各风机盘管处安装电动二通阀和静态平衡阀，在各层支管及干管的供、回水管路上安装自力式压差控制阀。

（4）在各风机盘管处安装自力式流量控制阀（即将图 4-1 中的静态平衡阀 VF 换成自力式流量控制阀），在各层支管及干管的供、回水管路上安装静态平衡阀。

（5）在各风机盘管处安装自力式流量控制阀（即将图 4-1 中的静态平衡阀 VF 换成自力式流量控制阀），在各层支管及干管的供、回水管路上安装自力式压差控制阀。

静态平衡阀通过旋转手轮来控制流经阀门的流量，阀体上设置有开启度指示、开度锁定装置及用于流量测定的测压小阀，如图 4-2 所示。平衡阀具有良好的调节特性，通过专用的流量测量仪表可以在现场对流过平衡阀的流量进行实测，为现场调节提供了很大方便。

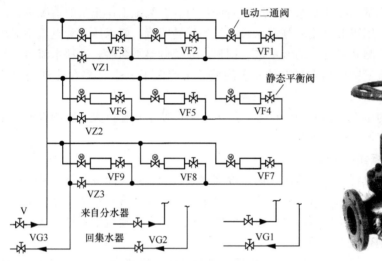

图 4-1 空调安装静态平衡阀示意图   图 4-2 静态平衡阀

自力式流量控制阀也称动态流量平衡阀，是一个双阀组合，即由一个手动调节阀和一个自动平衡阀组成，也有专门的调节和锁定装置，图 4-3 是结构简图。手动阀用于设定流量，其开度与流量对应。如果设手动阀前后压力分别为 P_2 和 P_3，则流量可表示为：

$$G = K_v \sqrt{P_2 - P_3} \tag{4-1}$$

流量系数 K_V 的大小取决于开度。开度固定，K_V 即为常数。只要 $P_2 - P_3$ 不变，流量即保持不变。$P_2 - P_3$ 的稳定由自动平衡阀控制。

无论是静态平衡阀还是自力式流量控制阀，安装后都必须经过流量初调节，使所有用水设备全开时各设备的水流量达到设计的流量值。对于静态平衡阀，施工单位在调试中一般仅知道流量 G，可以根据流量与阀开度对应关系预先设定开度，或取 70%～100% 阀开度（管路远端阀取大值），然后使用专用智能仪表对压差和流量值进行测试。智能仪表由压差变送器和仪表主机两部分组成，如图 4-4 所示。

智能仪表输入了根据相应静态平衡阀流量特性曲线编制的调试软件。调试时，当输入阀的口径和设计流量时，智能仪表将计算给出阀门开度值；实测阀门前后压差和给定实际开度，仪表可显示阀门实际流量。对空调水系统进行初调节应绘制空调水系统图，对管道和用水装置的平衡阀进行编号，根据编号准备调节用的记录表格。

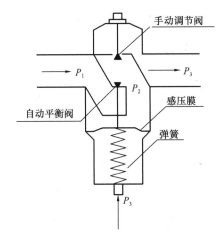

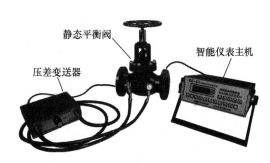

图 4-3 自力式流量控制阀结构简图   图 4-4 平衡阀测量专用智能仪表

【示例 4-1】根据图 4-1，试对各风机盘管和各层支管进行水量平衡初调节。

（1）将系统中干管阀门 VG3 置于 2/3 至 3/4 开度，3♯立管的各支管和风机盘管的平衡阀全部按设计流量设置开度。开启阀门 V 向 3♯立管的各支管和风机盘管供水。

（2）测量平衡阀 VF1～VF9 的实际流量 GF_c，并计算出各阀 GF_c 与设计流量 GF_s 的流量比 $QF=GF_c/GF_s$。这种方法是将各平衡阀的设计流量作为基准流量进行比较，因此称"基准流量比例调整法"，原理分析参见单元 5 第 2 节。

（3）对平衡阀 VF1～VF3 的流量比进行分析，假设 $QF_1<QF_2<QF_3$，取平衡阀两两比较，可将平衡阀 VF1 的开度增大，或 VF2 开度减小，使 $QF_1≈QF_2$，然后锁定不再变动。再调节 VF3，使 $QF_1≈QF_3$，则 $QF_1≈QF_2≈QF_3$。

（4）按步骤（1）～（3）对其他层分支管上平衡阀分别进行调节，从而使每根分支管上各平衡阀的流量比均相等。

（5）测量各分支管路平衡阀 VZ1～VZ3 的实际流量，并计算出流量比 $QZ_1～QZ_3$。

（6）分析 $QZ_1～QZ_3$，假设 $QZ_1<QZ_2<QZ_3$，将平衡阀 VZ1 开度增大，或 VZ2 开度减小。再对 GZ_2、GZ_3 两两比较，调节 GZ_3，直到调至 $QZ_1≈QZ_2≈QZ_3$。

（7）调节该系统干管平衡阀 VG3，使 VG3 的实际流量达到设计流量。用同样方法完成干管平衡阀 VG1、VG2 的调节。

这时，系统中所有平衡阀的实际流量均达到设计流量，系统实现水力平衡。如果设计资料给出了静态平衡阀的设计压降和设计流量，可根据设计压降和设计流量及阀口径，查平衡阀线算图确定平衡阀所对应的设计开度，旋转平衡阀手轮至设计开度即可。

对于异程式管网，因各分支的管道流程阻力不等和使用阀门、弯头等配件有差异，在进行后续平衡阀的调节时，会影响到前面已经调节过的平衡阀流量而产生误差。当这种误差超过工程允许范围时，则需进行再一轮的测量与调节，直到误差减到允许范围内为止。系统达到水力平衡后，当工况改变使系统的总循环水量增加或减少时，各个分支管路和用水设备水流量将按相同比例增加或减少。

自力式流量控制阀的调节比较简单，一般在阀的流量调节盘上按设计流量调至对应的开度即可。自力式流量控制阀的流量与开度对应关系是在试验台上通过试验标定的，但在实际应用中因管网条件的变化，会引起实际流量的偏差。因此在实际供水状态下需要测定实际通过水量，若偏差超出允许范围应根据偏差方向对流量调节盘的流量设定做微量调整。对于无流量测量装置的自力式流量控制阀，可使用超声波流量计测定流量。自力式流量控制阀可以在一定范围内平衡外网的压力波动，维持被控制管路系统的流量不变。

4.2　制冷管道系统吹扫与气密性试验

为了保证制冷系统的正常运行，在制冷设备安装结束、整个系统管道连接完毕后，应按设计要求、设备技术文件和制冷设备施工与验收规范的规定，对制冷管道系统进行吹扫和气密性试验。以下将重点介绍包括大型氨制冷机组及制冷系统在内的调试与试运行工艺与要求。

4.2.1　制冷系统吹扫

制冷系统在气密性试验之前应进行吹扫除污。因为制冷系统应是一个洁净、干燥、严密的封闭系统。而在安装过程中，系统内部必然会残留一些焊渣、钢屑、铁锈、氧化皮等污物。这些污物残留在系统内部会造成一系列不良后果，如造成膨胀阀、毛细管及过滤器的堵塞。一旦这些污物被压缩机吸入到气缸内，则会造成气缸或活塞表面的划痕、拉毛等事故。因此，在系统正式运行以前，必须进行吹扫工作，彻底洁净系统，以保证制冷系统的安全运行。

吹扫工作可用空气压缩机、氮气瓶或制冷压缩机本身来完成。吹扫压力应为 0.5～0.6MPa。中小型氟利昂制冷系统以用氮气吹扫为宜。

吹污工作应按设备（可采用设备底部的阀门作为排污口）、管道分段或分系统进行，吹扫段不得有死角，排污口宜选在各吹扫段的最低点，以便使污物顺利排出，排污口不能指向工作区。吹扫时除排污口外，要将吹扫段所有与大气相通的阀门关闭，其余阀门应全部开启。具体要求如下：

（1）使用干燥的压缩空气或氮气进行吹扫。首先将吹扫段的排污口用木塞堵上，可用铁丝或尼龙绳将木塞拴牢，以防系统加压时木塞飞出伤人。然后给需吹扫的一段系统用干燥的压缩空气或氮气加压，当压力升至 0.6MPa 以后，停止加压。加压过程中可用木榔头轻轻敲打吹扫管，使附着在管壁上的污物与壁面脱离，然后迅速打开排污口，高速的气流就会将积在管子、法兰、接头或转弯处的污物（如焊渣、铁锈、钢屑等）带出。这样反复进行多次，直至系统洁净为止。检查方法是用一块干净的白布（或白纸）贴在一块木板上，放在距排污口约 200mm 处，5min 内白布上无明显污点即为合格。操作过程中要注意安全，不可靠近正对木塞处，也不要面对排污口。

（2）用制冷压缩机吹污。吹污应尽可能使用空气压缩机或氮气，如条件不允许，也可使用制冷压缩机，但应指定一台专用压缩机。首先将压缩机的吸气过滤器的法兰拆掉，用滤布包好扎紧（防止灰尘及杂质被吸入），关闭吸气阀，打开排气阀，启动制冷压缩机，使空气通过滤布过滤后吸入压缩机并压送至吹扫段，当压力达到 0.5～0.6MPa 时停机。与上述方法相同，打开木塞排污，经多次反复，至系统干净为止。升压时应随时注意压缩机的排气温度，如超过 120℃ 则应停机，否则会导致润滑油黏度下降，影响机器的润滑，造成压缩机运动部件的损坏。

对不能参与吹扫的系统上阀门、仪表等应取下，孔口用盲板或堵塞封闭，断开处用干净软管临时连接。吹扫结束后，应将系统上参与吹扫的阀门拆下清洗后再重新装配；拆除临时安装件，回装取下的阀门、仪表，并做详细复原记录。

4.2.2 制冷系统的气密性试验

制冷系统中的制冷剂具有很强的渗透性，如系统有不严密处就会造成制冷剂的泄漏，一方面会影响制冷系统的正常工作；另一方面，有些制冷剂对人体具有一定的毒性，并且污染大气环境。所以在系统吹污工作结束后，应对系统进行气密性试验，目的在于检验系统在压力状态下的密封性能是否良好。

国家现行《制冷设备、空气分离设备安装工程施工及验收规范》GB 50274—2010 仅对制冷系统附属设备单体气密性试验规定了气密性试验压力要求，未规定试验合格的判据；对安装后的系统管道气密性试验未作规定。

对于氨（R717）制冷系统，《氨制冷系统安装工程施工及验收规范》SBJ 12—2011 规定，在管道系统压力强度试验合格后，应降压至设计压力进行气密性试验，而后进行抽真空试验和充氨试验。实际上抽真空试验和充氨试验均属于气密性试验。

根据《冷库设计规范》GB 50072—2010 的规定，氨制冷系统高压侧设计压力为 2.0MPa，低压侧为 1.5MPa。《氨制冷系统安装工程施工及验收规范》SBJ 12—2011 要求强度试验压力应符合设计的规定，无规定时高压侧强度试验压力为 2.3MPa，低压侧为 1.7MPa。

对多联机空调制冷剂管道系统，目前依据《家用和类似用途空调器安装规范》GB 17790—2008 进行气密性试验，包括正压试验和真空试验。正压试验的压力高于设计的工作压力，包含了强度试验。也可以采用充氮气和制冷剂的混合气体，然后用制冷剂检漏仪检漏。

1. 正压试验的漏孔与漏率定性分析

对安装或检修后的压力管道系统进行压力试验（也称打压试验）是常用的检漏基本方法。由于试验压力的不同和实际漏孔的大小、形状、数量和分布具有不确定性，要直接分析在发泡和保压试验中所检出漏孔的大小和数量是很困难的。但可以根据现场检漏的表象和成熟的漏孔理论与实际经验，将试验压力下漏孔的气体流态和漏率范围作以下分类。

（1）气流以较大速度从漏孔出口流出。涂抹发泡剂无法形成气泡。有时可听到气流高速流出的"咝咝"声。现场检漏将其归为大漏一类。漏孔中气流流态应为湍流或以湍流为主的湍—黏流。这类泄漏在较低试验压力下即可被发现。

（2）发泡时气泡从形成到破裂的时间由数秒到数分钟不等。这种由发泡可检出的泄漏称为粗漏。假定漏孔内气体的流速不超过声速的 0.3 倍，可视为不可压缩的黏滞流。发泡能检出漏率小至 $10^{-3}Pa \cdot m^3/s$ 量级的漏孔。若升高试验压力，粗漏会向大漏发展。

（3）漏率在 $10^{-3} \sim 10^{-6}Pa \cdot m^3/s$ 范围的泄漏可视为细漏。正压检漏时，漏孔气流流态仍为黏滞流或以黏滞流为主的黏滞—分子流。一般短时发泡很难观察到气泡。该漏率范围的漏孔是使用酚酞试纸（R717）或检漏仪（R22、R134a、R407c、R410a 等）检测的对象。若升高试验压力，细漏会向粗漏发展。

（4）漏率小于 $10^{-6}Pa \cdot m^3/s$ 的泄漏可视为微漏。漏孔气流流态为黏滞—分子流或分子流。此时制冷剂年泄漏量已经小于 1g，使用检漏仪也难以测出，不会影响对保压试验压力降的观测，对制冷系统运行的影响也可以忽略不计。但是，若升高试验压力，微漏会向细漏发展。

由此可以确定，发泡用于在较低试验压力下发现第 1 类漏孔，并在保压试验阶段发现第 2 类粗漏漏孔。通过压力表观测，保压阶段系统的压力降反应系统内打压气体的泄漏，这种泄漏是第 3、4 类漏孔整体泄漏的表现。当这种泄漏超过规定值时，应仔细发泡查找漏孔，或升高压力使细漏向粗漏发展，但升高压力不得超过设计的规定或强度试验的压力值。也可以充氨或充氟以后，分别使用酚酞试纸或检漏仪检测，或采用荧光检漏法定位漏孔。

2. 制冷系统正压试验合格判据

设保压试验开始时系统内气体摩尔数为 n_1，试验终止时因泄漏使内部气体摩尔数下降为 n_2，内压力由 P_1 降为 P_2。将 P_2 转换成试验开始状态下的压力 P_1^*，则：

$$P_1^* = \frac{273 + t_1}{273 + t_2} P_2 \tag{4-2}$$

因气体泄漏而产生的压力降为：

$$\Delta P = P_1 - \frac{273 + t_1}{273 + t_2} P_2 \tag{4-3}$$

式中　ΔP——管道系统的试验压力降，MPa；

　　　P_1——试验开始时系统中的气体绝对压力，MPa；

　　　P_2——试验结束时系统中的气体绝对压力，MPa；

　　　t_1——试验开始时系统中的气体温度，℃；

　　　t_2——试验结束时系统中的气体温度，℃；

试验压力降 ΔP 反映了系统内气体泄漏量。ΔP 还可用下式（4-4）表示，或改写成式（4-5）。式（4-4）和（4-5）中 R 是通用气体常数，J/（mol·K）。

$$\Delta P = \frac{R(273 + t_1)}{V}(n_1 - n_2) \tag{4-4}$$

$$\Delta n = \frac{V}{R(273 + t_1)} \Delta P \tag{4-5}$$

式（4-4）、（4-5）中：

　　　ΔP——试验压力降，Pa，

　　　V——被试验系统容积，m³；

　　　R——通用气体常数，J/（mol·K）；

n_1、n_2——试验开始和结束时系统中气体量，mol；

　　　Δn——试验中系统泄漏的气体量，mol。

由式（4-5）可知，泄漏量 Δn 与被试验系统容积 V 和试验压力降 ΔP 成正比。对于氨冷库高压侧，其系统包括冷凝器、贮液器等设备在内的容积 V 会有数立方米或更大，即使是极微小的试验压力降引起的泄漏也不能忽略。

【示例 4-2】对氨制冷系统高压侧进行正压气密性保压试验，试验压力为设计压力 2.0MPa。使用 0.4 级精度、量程 0~4.0MPa、分度值 0.02MPa 的压力表，保压时间为 24h，试压气体 1 天的泄漏量表示为 Δn_d，试验系统容积 $V = 5$m³，试验温度 $t_1 = 30$℃，

$\Delta P = 0.01$MPa（估计读数），由式（4-5）计算得 $\Delta n_d = 19.848$mol，换算为年泄漏量为 7.244kmol。氨的比重更轻，黏度更低，更易泄漏。这种泄漏主要反映为第3、4类漏孔整体泄漏在正常工况下的自然损耗，是否符合设计的要求，应由设计单位综合制冷剂特性、一次充注使用期、制冷效率、职业健康和安全环保等多方面因素后给出判定标准。

《氨制冷系统安装工程施工及验收规范》SBJ 12—2011 给出的合格判据为：24h保压试验的压力降不应大于按公式（4-3）计算的结果。理论上如果系统无泄漏，测量仪表与测量过程无误差，试验压力降 ΔP 应为零。然而，计算压力降 ΔP 除因泄露引起外还包括了温度和压力仪表本身的测量误差等因素，"压力降不应大于按公式（4-3）计算的结果"的说法具有不确定性。据调查，目前施工企业多自定保压检漏合格标准为"修正温度影响后，无压力下降为合格"，这与《家用和类似用途空调器安装规范》GB 17790—2008 的判据一致。《家用和类似用途空调器安装规范》GB 17790—2008 关于温度变化前后气体压力修正的公式为：

$$P_2 = \frac{273 + t_2}{273 + t_1} P_1 \tag{4-6}$$

即要求实测试验结束时系统气体绝对压力（当地大地压力＋实测表压力）应等于由式（4-6）计算修正后的压力值 P_2。虽然多联机空调制冷剂管道系统容积很小，但系统充注制冷剂也少，极微小的泄漏量也会影响空调系统的正常工作，因此对"修正温度影响后无压力下降为合格"的标准应严格执行。另外要说明的是：如果仪表精度较低，无法显示微小的压力降，则会造成对测量结果的误判。

3. 制冷系统正压试验

氟利昂制冷系统试压多采用氮气，因氟利昂系统对含水量要求很严，氮气具有无腐蚀、无水分、不燃烧、操作方便等优点。大型制冷系统可使用干燥的压缩空气（即在压缩机出口处安装大型干燥器，尽量减少空气中的含水量）。正压试验可参照以下工艺。

（1）用氮气检漏时，因氮气瓶压力很高，可达15MPa，所以氮气瓶上应接减压阀后再与充气孔相连。为节省氮气，可将压力先升至 $0.2\sim0.3$MPa 进行检查。如无大的泄漏继续升压。

（2）将所有与大气相通的阀关闭。由于压缩机出厂前做过气密性试验，所以可将其吸、排气截止阀关闭。若需复试，可按低压系统的试验压力进行。油分离器的回油阀关闭，打开其余阀门。

（3）应分次缓慢升压。特别是大型氨制冷系统，升压过程应执行《氨制冷系统安装工程施工及验收规范》SBJ 12 的规定。要求强度试验和气密性试验分开进行时，可先升压对低压侧进行强度试验。

（4）低压侧强度试验合格后，将高、低压侧截断。低压侧降压至设计压力进行气密性正压试验；继续对高压侧加压进行强度试验，合格后降压至设计压力进行气密性正压试验。

（5）用压缩空气试验时，压缩机进口应安装过滤器，出口应安装油分离器和干燥器。将试验系统的最末端阀门与大气相通，机器开动后待阀门有气体压出时关闭，确认系统畅通。

（6）对制冷管道高、低压侧不能连通的系统，可采用歧管压力表进行试验，图4-5所示是三通歧管压力表内部结构，一般接低压侧为蓝色，接高压侧为红色，中间外接接管为黄色（或绿色）。低压侧压力表具有一定真空度量程范围（称为连程表），可用于真空试验。

1）将歧管压力表低、高压接口分别与系统低、高压侧连通，中间外接接管连接氮气瓶。

2）同时打开歧管压力表低、高压阀，缓慢打开氮气瓶，使系统缓慢升压至低压试验压力后，关闭低压阀，对低压侧保压试验。

3）继续升高高压侧压力至试验压力，关闭歧管压力表高压阀、氮气瓶减压阀，对高压侧做保压试验。

（7）多联机（VRV）空调系统压力试验应严格执行设备技术文件的规定。可参考以下工艺：

1）一般对供液和回气管应采用相同压力并同时打压检漏，防止因单侧加压损坏电子膨胀阀。检漏试验压力大约为 3.6～4.2MPa。

2）采用相同压力打压检漏时，歧管压力表低压表量程不够，此时需用相同高压表替换低压表，或采用如图 4-6 所示四通歧管压力表。四通歧管压力表 A 接口可与中间外接接管直通而与低压表不连通。试验时将 A 接口与系统低压侧连接，并在连接管路中安装截断阀。

3）为查找漏点，可按照各室内机到配管井水平管，各配管井内竖管，各配管井到室外机管路，采用分段试验的方法。试验时应防止氮气进入室外机内。建议在连接室外机之前进行整个管路系统的正压气密试验。

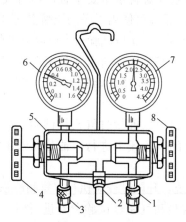

图 4-5 三通歧管压力表内部构造示意图

1—高压阀接口；2—外接接口；3—低压阀接口；4—低压手动
阀；5—表座；6—低压表；7—高压表；8—高压手动阀

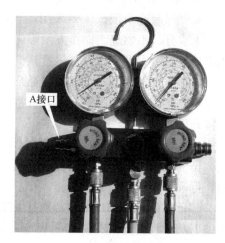

图 4-6 四通歧管压力表

（8）检漏工作必须认真、仔细。保压的同时可继续用肥皂水（或发泡剂）检查。漏点做好标记，待全部检查完毕后统一进行修复。当泄漏点需进行补焊时，应将系统泄压，并与大气相通，决不可带压焊接，补焊次数不得超过两次，否则应将该处管段换掉重新焊接。修复后必须重新试压。

在系统压力试验合格后，如果暂不进行下一工序操作，系统应保持 0.6MPa 左右的压力，以防止外部湿空气进入，同时保持对系统气密性的观察。

4. 制冷系统真空试验

对制冷系统进行抽真空试验的目的有以下三个方面：检查系统由外向内的泄漏；使系统内水分蒸发排出；抽出系统内空气，为充注制冷剂做准备。

(1) 真空试验要求与合规判据

《氨制冷系统安装工程施工及验收规范》SBJ 12—2011 对氨制冷系统规定应抽真空使绝对压力小于 5.333kPa，保持真空 24h；《家用和类似用途空调器安装规范》GB 17790—2008 则要求对氟利昂系统应抽真空使绝对压力小于 50Pa，保持真空 1h。判据均为修正温度影响后系统内压力无变化为合格。如果应用式 (4-3)，计算所得 ΔP 应为零（不得出现负值）；如果应用式 (4-6)，则要求实测试验结束时系统气体绝对压力应等于由式 (4-6) 计算修正后的压力值 P_2（不得大于计算值）。

根据现场实际情况，以压力表（连程表）分度值为 0.01MPa 为例，要判读 5.333kPa 的绝对压力已经非常困难，判读 50Pa 则基本不可能。另外，对氟利昂系统仅保持真空 1h 的时间太短，一般生产厂商的设备技术文件多要求保持真空 24h。另根据分析，在真空状态下，系统内部绝对压力小于 5kPa 时，内部绝对压力的变化对气体泄漏率影响很小。因此对氨和氟利昂制冷系统的真空试验均可统一为抽真空使低压表（连程表）达到约 −0.1MPa，然后保持 24h，修正温度影响后系统内压力无变化为合格。

(2) 真空试验工艺要求

1) 对中小型系统可用真空泵抽真空。将真空泵吸入口与系统抽气口接好。抽气口可以是压缩机排气口的多用通道排出口或排空阀，也可以是制冷剂注入阀。当使用歧管压力表时，将真空泵与歧管压力表外接口连接，低、高压阀分别连接室外机液管和气管的维修口上。抽真空时先开真空泵，真空泵运转正常后打开与系统连接处阀门，再打开压力表阀（歧管压力表应同时打开低、高压力表阀）。

启动真空泵抽真空，如果连续运转 2h 后系统绝对压力不能降到接近 −0.1MPa（真空度 755mmHg 以上），说明系统可能存在较大泄漏，应重新正压试验查找漏孔并予以修复。如果真空泵运转 2h 以上系统绝对压力能保持 −0.1MPa 不变，继续抽真空 1h 以上，然后关闭真空泵抽气口阀门，停止真空泵工作，保持真空状态检查系统泄漏。歧管压力表应关闭低、高压侧阀但低、高压表与系统连通。

2) 对于大型制冷系统，可用系统制冷压缩机抽真空，也可先用压缩机把系统内大量空气抽走，然后用真空泵把剩余的气体抽净。具体方法如下：

① 关闭所有与大气相通的阀门，开启管路全部阀门。真空泵与制冷剂注入阀连接。

② 关闭压缩机的排气口阀，开启压缩机的吸气口阀与排空阀（或多用通道排空口）。

③ 启动压缩机抽真空。注意压缩机的吸气口阀不要开启过大，否则排气不及时，有打坏压缩机自身阀片的可能。

④ 抽真空应分几次间断进行，抽吸过快，系统内的水分和空气不易被抽尽。冷凝器中的冷却水应放尽，以利于系统内的水分蒸发。

⑤ 待系统内的绝对压力接近 −0.1MPa 时停机，关闭排空口，进行真空状态下的检漏。

⑥ 用制冷压缩机抽真空时应注意油压的大小。随着系统真空度的提高会使油泵的工作条件恶化，导致机器运动部件的损坏，所以油压（指压差）不得小于 27kPa，否则应停机。

5. 使用制冷剂或混合气体检漏

（1）充制冷剂检漏

制冷剂检漏一般安排在真空试验合格后，向系统加注制冷剂时进行。当充注制冷剂使系统内气体压力达到 0.2～0.3MPa 时暂停加注，对系统再次进行检漏。氨泄漏有强烈的刺鼻臭味，容易被发现。也可以用湿润的酚酞试纸覆盖在各连接处检漏。如果覆盖 1min 后揭开观察到微小的红色点（氨会使酚酞试纸由白变红），其泄漏量大约为 10^{-7}～10^{-5}Pa·m^3/s。

对充注氟利昂类制冷剂的系统（如 R22、R134a、R404a、R407c、R401a 等），应选用专门的制冷剂检漏仪，并应在无污染本底环境中使用。检测仪具有多档灵敏度可调，有的型号最高灵敏度可达 3g/a。按照技术说明文件使用检漏仪，将检测仪采样头沿着被检设备、管道的连接处或可疑处表面移动，与被检表面相距 1～3mm，移动速度应不大于 5cm/s，当泄漏指示显示器产生波动时，让采样头在附近缓慢移动检查。当泄漏指示显示器的读数连续增大，且仪器发出报警声，此时采样头所对准的位置即为漏点。最后需要抽出制冷剂，用正压发泡法定位漏点。小型系统也可采用荧光法来定位漏点。对漏孔修补后需重新进行压力试验和真空试验。

为了避免系统内含水量过高，充注制冷剂（氟利昂）必须经过干燥器干燥后才能进入系统。常用的干燥剂有硅胶、分子筛和无水氯化钙。如用无水氯化钙时，使用时间不应超过 24h，以免其溶解后带入系统。

（2）充注混合气体检漏

使用混合气体检漏可以安排在正压试验的初期、正压试验后或真空试验后进行。混合气体检漏要求向系统充注制冷剂和氮气（或干燥空气），然后使用检测仪探测泄漏气体中的制冷剂含量以发现漏孔。例如《家用和类似用途空调器安装规范》GB 17790 提出混合气体检漏应加入氮气至 0.3MPa，然后加制冷剂使压力升至 0.5MPa。也有书籍提出了不同的分压力和比例。

采用混合气体检漏时，对制冷剂的不同浓度，即使检测到相同的漏率，但浓度低的总泄漏量更大。设混合气体中制冷剂气体泄漏量的两种表示方式分别为 φ（g/年）和 Q_C（Pa·m^3/s），环境温度为 T（K），制冷剂气体摩尔质量为 M（g），通用气体常数为 R（8.314J/（mol·K）），φ 与 Q_C 的换算关系为：

$$Q_C = 3.17 \times 10^{-8} \frac{RT\varphi}{M} \tag{4-7}$$

氟利昂的体积浓度等于其分压力与试验压力之比，设为 ε_R，当漏孔气流主要为黏滞流时，由混合气体泄漏出的制冷剂漏量 Q_C 可按下式（4-8）换算成纯制冷剂漏量 Q_R。

$$Q_R = \frac{Q_C}{\varepsilon_R} \frac{\mu_H}{\mu_R} \tag{4-8}$$

式中 μ_H 和 μ_R 分别是混合气体和制冷剂气体的黏度系数。当参与混合的气体为空气时，空气主要成分是氮气和氧气。设氮气和氧气的黏度系数分别为 μ_N 和 μ_O。体积浓度分别为 ε_N、μ_O。μ_H 按式（4-9）近似计算。只与氮气混合时则去掉式（4-9）中第 2 项。

$$\mu_H = \varepsilon_N \mu_N + \varepsilon_O \mu_O + \varepsilon_R \mu_R \tag{4-9}$$

【示例 4-3】 设系统内充注 R22，$\varepsilon_R = 0.33$，$\varepsilon_N = 0.67$。20℃时，μ_R、μ_N 分别为 $1.263 \times 10^{-5} Pa \cdot s$ 和 $1.761 \times 10^{-5} Pa \cdot s$。则 $\mu_H = 1.597 \times 10^{-5} Pa \cdot s$。如果年泄漏量为 2g/a，

由式（4-7）计算得：

$$Q_C = 1.786 \times 10^{-6} Pa \cdot m^3/s$$

由式（4-9）和式（4-8），并由式（4-7）反算得制冷剂实际泄漏量：

$$Q_R = 6.842 \times 10^{-6} Pa \cdot m^3/s = 7.66 g/a$$

由此可见，当采用混合气体检漏时，有可能因制冷剂浓度较低使得检漏仪未报警而引起误判。建议根据检漏仪报警灵敏度选择混合气体中制冷剂的压力比例，或采用充注纯制冷剂检漏，以确保检漏的可靠性。

4.3 活塞式制冷机组试运行与调试

活塞式制冷机组的系统吹污以及气密性试压参见本单元第 2 节的相关内容。

4.3.1 活塞式制冷机组的试运转

活塞式制冷机组试运转的目的是检验压缩机的装配质量，并使机器的各运动部件进行初步的磨合，以保证机器正常运行时的良好机械状态。制冷压缩机是制冷系统的心脏，它的正常运转是整个制冷系统正常运行的重要保证。每台制冷压缩机在制造厂出厂前虽然均已按国家有关标准的规定进行了出厂试运转。但是由于运输、存放等原因，对于安装完毕的压缩机，在投入正常运转之前，仍先要进行试运转，以便为整个系统的试运行创造条件。一般情况下，试运转分三步进行，即无负荷试运转、空气负荷试运转和制冷剂负荷试运转。试运转之前，对压缩机应进行清洗和检查，合格后方可进行。试运转应做好记录，整理存档。

对于整台成套设备及分组成套设备，因出厂前已进行过试运转，只要在运输和安装过程中外观没有受到明显操作不当及破坏时，可直接进行空气负荷试运转。对于大中型散装制冷设备，则应按照《活塞式单级制冷压缩机》GB/T 10079 中的试验方法进行无负荷试运转和空气负荷试运转。

1. 无负荷试运转

无负荷试运转亦称不带阀无负荷试运转。也就是指试运转时不装吸、排气阀和气缸盖。该项试运转的目的是检查除吸、排气阀外的制冷压缩机的各运动部件装配质量，如活塞环与气缸套、连杆大头轴承与曲轴、连杆小头轴承与活塞销等的装配间隙是否合理；检查各运动部件的润滑情况是否正常；观察机组运转是否平稳，有无异常响声和剧烈振动；检查主轴承、轴封等部位的温升情况；对各摩擦部件的接触面进行磨合。

试运转前，电气系统、自动控制及保护系统、电机空载试运转等应检查和试验完毕，冷却水管路应正常投入使用，曲轴箱内已加入规定数量的润滑油，核对压缩机的各个保护元件的调定值是否正确，检查压缩机的各固定螺栓不得有松动现象。无负荷试运转步骤为：

（1）将气缸盖拆下，取下吸、排气阀组合件，对于新系列压缩机，取出阀组后，应用专用卡具将气缸套压紧，以免空负荷运行时将气缸套拉出。压紧时，要注意不要碰坏阀片

的密封线，也不要影响吸气阀片顶杆的升降（卸载机构）。

（2）在气缸壁均匀涂上清洁润滑油，开启式压缩机可用手盘动联轴器或带轮，使润滑油在气缸壁上分布均匀。

（3）用干净的白布包住气缸口，以防试运转时尘土进入气缸。

（4）手动盘车无异常现象后，通电点动，观察电机旋转方向是否正确，如不正确进行调整。注意是否有异常声音和卡阻现象。

（5）启动压缩机进行试运转，试运转应间歇进行，间歇时间为 5、10、15、30min。间歇运转中调节油压，检查各摩擦部件温升和曲轴箱油温，观察气缸润滑情况及轴封的密封状况，检查压缩机的运转是否平稳、有无异常声响和剧烈振动，并进行相应的调整处理，检查电流表及电压表的数值。一切正常后连续运转 2h 以上，以进一步磨合运动部件。

无负荷试运转时操作人员应注意安全，启动机组前应仔细检查各零部件是否安装好。为防止缸套松脱飞出伤人，可用自制的卡具压住气缸套。卡具压缸套时，应注意不要碰坏缸套上吸气阀密封线，也不要妨碍卸载装置顶杆的升降。试运转过程中如有异常声音或油压差过低，应立即停机，检查原因，排除故障后再重新启动。

在连续运行中，确认合格后停机。合格后将吸、排气阀组和气缸盖组装上。组装时，要调整活塞上止点间隙，使之符合压缩机装配间隙的规定要求。作好试运转记录，整理存档。

2. 空气负荷试运转

空气负荷试运转亦称带阀有负荷试运转。该项试运转应装好吸、排气阀组和缸盖等部件。空气负荷试运转的目的是进一步检查压缩机在带负荷时各运动部件的装配正确性，以及各运动部件的润滑情况及温升，以检查装配质量和密封性能。

空气负荷试运转是在无负荷试运转合格后进行的。试运转前应对制冷压缩机作进一步的检查并做好必要的准备工作。操作步骤如下：

（1）将吸气过滤器的法兰拆下，吸气口加装空气滤清器，对进入机器的空气加以过滤。

（2）检查曲轴箱油位应达到规定位置。

（3）打开气缸冷却水阀门。

（4）选定一个通向大气的阀门，调节其开度以控制系统压力。

（5）参照无负荷试运转的操作步骤，启动压缩机，在吸气压力为大气压力时，调整排气阀，使排气压力为 0.2～0.4MPa。并应对下述各项内容进行检查并达到要求：

1）运转状态稳定，声音正常，不得有其他杂音，吸、排气阀片启闭音声清晰正常；

2）压力无异常波动，电流和电压值正常；

3）各运动部件的温度和温升以及油温均符合设备技术文件的规定；

4）各连接部位、轴封、气缸盖、填料和阀件无漏水、漏气和漏油现象；

5）能量调节装置操作灵活，能够准确及时地加载、卸载；

6）气缸套的冷却水进口水温不应高于 35℃，出口水温不应高于 45℃。

使压缩机连续运行 4h 以上。空气负荷试运转合格后，应拆洗制冷压缩机的吸、排气阀、气缸、活塞、油过滤器等部件，更换曲轴箱内的润滑油。作好试运转记录，整理存档。

以上两个试运转过程应在系统试漏前完成。可以利用空气负荷试运转进行吹污和试压。

3. 制冷机负荷试运转

制冷机负荷试运转是在无负荷试运转和空气负荷试运转合格，并向系统充注制冷剂后进行的。制冷机负荷试运转的目的是检查压缩机和整个系统在正常运转条件下的工作性能，是整个制冷系统交付使用前对系统设计和安装质量的最后一道检验程序。试运转前应检查以下内容：

（1）压缩机的排气截止阀是否开启，除与大气相通的阀门外，系统中其余的各个阀门是否处于开启状态。

（2）打开冷凝器的冷却水阀门，启动水泵。若为风冷式冷凝器，则应开启风机，并检查水泵及风机工作是否正常。

（3）检查压缩机曲轴箱油位是否处在正常位置，一般应保持在油面指示器的中心线上，若有两块视油镜，应在两块视油镜中心线以内，若油温过低，应按随机技术文件的规定将曲轴箱中的润滑油加热。

（4）如果前阶段试运转后又检修过电气与控制线路，还应再检测电气与控制线路是否正常。并对制冷压缩机进行点动，观察压缩机旋转方向是否正确。

（5）蒸发器若为冷却液体载冷剂时，则应启动载冷剂系统。

（6）检查压缩机安全保护继电器的整定值是否符合规定。

（7）运转中开启式机组润滑油的温度不应高于 70℃，半封闭式机组不应高于 80℃。

（8）检查压缩机的轴封的渗油量，不应大于 0.5mL/h。

经上述检查，认为没有问题后，即可启动压缩机进行正式试运转。压缩机正式启动后要逐渐开启压缩机的吸气阀，防止出现"液击"。压缩机启动和停机操作也可参见单元 6 第 2 节的相关内容。

4. 活塞式制冷机组试运转过程中应检查的工作

（1）检查电磁阀（指装有电磁阀系统）和膨胀阀是否打开。检查电磁阀可用手摸电磁阀线圈外壳，若感到发热和微小振动，则表明阀已被打开。膨胀阀可观察阀后的管路是否有正常的结露（空调）现象，若阀已打开可听到制冷剂的流动声。

（2）检查曲轴箱内油面高度和各部位供油情况是否符合规定。

（3）油压力是否正常，没有卸载装置的压缩机，油压指示值比吸气压力高 0.075～0.15MPa，带有能量卸载装置的压缩机，油压指示压力应比吸气压力高 0.15～0.3MPa。若油压过低，则应查明原因进行调整。对油压继电器的低油压差做动作试验，检查油路系统油压差值低于规定范围时，油压差继电器能否工作。可通过调节油压调节阀，当达到油压差下限值时油压差继电器是否动作来检查。

（4）检查高低压继电器动作的灵敏度。高压继电器进行压力控制试验，将排气阀逐渐关小，使排气压力逐渐升高，检查高压继电器动作时的压力是否与要求的压力相符，若不相符，则进行调整直到与要求的压力值相符为止。低压继电器进行压力控制试验，将吸气阀逐渐关小，使吸气压力逐渐下降，检查低压继电器动作时的压力是否与要求的压力相符，若不相符，则应进行调整，直到与要求压力值相符为止。

（5）检查压缩机的吸、排气压力和温度是否在正常范围。如排气温度过高会使润滑油碳化分解，造成结碳，使阀片关闭不严，降低压缩机的容积效率，并缩短阀片的使用寿命，加快气缸与活塞的磨损。

（6）检查油分离器的自动回油是否正常。正常情况下，自动回油会周期性地开启和关闭，若用手摸回油管，有时冷时热的感觉（当浮球阀开启时，油流回曲轴箱，回油管就发热，否则就发冷）。若发现回油管长时间不发热或长时间发热，就表示回油管有堵塞或浮球阀失灵等故障，应及时检查排除。

（7）听压缩机运转的声音。正常运转时，除有进、排气阀片发出清晰均匀的起落声外，气缸、活塞、连杆及轴承等部件不应有杂音，否则应停机检查，并及时排除故障。

（8）检查压缩机能量调节装置动作的灵敏程度。

（9）检查整个系统的管路和阀门，是否存在泄漏处。

（10）检查润滑油的温度是否符合设备技术文件的规定。

活塞式制冷机组冷剂试运转的时间不应少于 24h（连续运转），每台累计运转不得少于 48h。

4.3.2 制冷系统充注制冷剂

制冷系统首次充注制冷剂是在吹污、气密性试验、检漏、抽真空试验合格及设备管道隔热、油漆施工完毕后进行的。当系统内制冷剂不足时也必须向系统内补充添加制冷剂。因此，充注制冷剂分为首次充注和补充添加两种情况。系统充注制冷剂的多少，不但与系统的大小有关，还与设备的形式和制冷剂的种类等因素有关，所以系统充注制冷剂的多少应按已安装的设备和管路的总长度通过计算求出，然后在计算的基础上，通过逐步调试才能最终确定。一般空调制冷系统的制冷剂充注量和补充量按设备技术文件的规定执行。

大型氟利昂系统设有专用充剂阀。中小型氟利昂系统一般不设专用充注制冷剂的阀门，制冷剂通常从压缩机吸排气的多用孔道充入系统。

1. 从压缩机排气阀多用孔道直接充入制冷剂液体

适用于较大系统内真空状态下第一次充注制冷剂。其优点是充注速度快，适用于抽真空后首次充注。操作方法如下：

（1）将制冷系统所有阀门都打开，开启冷却水系统或开启冷凝风扇，预冷冷凝器。

（2）把排气阀的阀杆旋出到底，使之处于打开位来关闭旁通孔。拆下旁通孔的密封螺塞，在旁通孔上接一个直通型接头，直通型接头接充氟管，充氟管接制冷剂钢瓶。

（3）将连接好压力表的制冷剂钢瓶置于磅秤上，瓶口向下与地面约成 30°角的倾斜。

（4）将加氟管一头拧紧在制冷剂钢瓶上，另一头与机组的直通型接头虚接，然后打开氟瓶瓶阀。当看到加液阀与加氟管虚接口处有氟雾喷出时，就说明加氟管中的空气已排净，应迅速拧紧虚接口。

（5）称出钢瓶总重，减去制冷剂的充注量，就是砝码的放置位置。

（6）把排气阀的阀杆旋入三圈左右，使之由打开位变成三通位，使旁通孔与冷凝器相通，即可听到制冷剂由钢瓶进入系统的流动声。此时，不能启动压缩机，仅利用钢瓶与冷凝器之间的压力差和位差来充注液体制冷剂。

（7）系统压力升至 0.1～0.2MPa 时，应全面检查无异常后，继续充注制冷剂。

（8）当磅秤的砝码开始下落时，表明制冷剂的充注量达到了要求。关闭钢瓶阀门，把排气阀的阀杆旋出到底，使之处于打开位来关闭旁通孔。

（9）从旁通孔上拆下直通型接头，用密封螺塞堵上旁通孔，充注制冷剂的操作结束。

充注注意事项：

（1）当钢瓶出现结霜，则充剂速度减慢，这时可用不高于40℃的温水湿布敷在钢瓶上，以加快充剂速度。

（2）当系统内压力高于0.3MPa时应停止从高压侧充注制冷剂。如果系统内充液量不够，则应改在压缩机吸气多用孔道进行充注。

（3）从高压侧充注制冷剂液体时，切不可启动压缩机，以防发生事故。

2. 从压缩机吸气多用孔道充注制冷剂

这种方法适用于系统补充添加制冷剂和较小系统初次充注。其特点是制冷剂不是以液体状态进入，而是以气态进入系统。其操作步骤如下：

（1）开启冷凝器的冷却水系统或启动风冷冷凝器的风机，使充入的制冷剂能及时冷凝。

（2）把吸气阀的阀杆旋出到底，使之处于打开位来关闭旁通孔。在旁通孔上接"T"形接头，"T"形接头一端接压力表，另一端接充氟管，充氟管连接制冷剂钢瓶。安装低压表的目的，主要是为了补充制冷剂后的试机检查。

（3）把制冷剂钢瓶立于（必须直立）磅秤上。

（4）将加氟管一头拧紧在制冷剂钢瓶上，另一头与机组的"T"形接头虚接，然后打开氟瓶瓶阀。当看到加液阀与加氟管虚接口处有氟雾喷出时，就说明加氟管中的空气已排净，应迅速拧紧虚接口。

（5）称出钢瓶的总重，减去制冷剂的充注量，就是砝码的放置位。

（6）将吸气阀的阀杆旋入2～3圈，吸气阀由打开位变成三通位，依靠钢瓶与系统的压力差将制冷剂压入钢瓶。

（7）待系统内压力与钢瓶内压力平衡时，制冷剂不再进入系统。启动压缩机，利用压缩机来吸入制冷剂，也可关小出液阀或吸气阀来提高充注速度。

（8）注意磅秤上的砝码，一旦下落，说明达到了充注量，立即关闭钢瓶阀门，旋出吸气阀阀杆到底，使主通道阀口处于全开位置而关闭旁通孔。拆下充氟管和旁通孔的"T"形接头，用密封螺塞堵上旁通孔，充注制冷剂的操作结束。

3. 从出液阀的旁通孔充注制冷剂

在带有三通型结构出液阀制冷系统中，可通过出液阀的旁通孔来充注制冷剂。这种方法仅适用于系统内是真空状态下的充注，其特点是制冷剂以液体状态充入。其操作步骤如下：

（1）将制冷系统所有阀门都打开，开启冷却水系统或开启冷凝风扇，预冷冷凝器。

（2）按退出方向旋转出液阀的阀杆，确保出液阀处于打开位。拆下旁通孔的密封螺塞，在旁通孔上接一个直通型接头，直通型接头接充氟管，充氟管接制冷剂钢瓶。

（3）将钢瓶放在磅秤上，瓶口向下与地面约成30°角的倾斜。

（4）将加氟管一头拧紧在制冷剂钢瓶上，另一头与机组的直通型接头虚接，然后打开氟瓶瓶阀。当看到加液阀与加氟管虚接口处有氟雾喷出时，就说明加氟管中的空气已排净，应迅速拧紧虚接口。

（5）称出钢瓶总重，减去需要补给的制冷剂的重量，将砝码放置到磅秤杆上代表该重量的位置。

（6）把出液阀的阀杆旋入到底，使之处于断位，使旁通孔与储液器相通，与干燥过滤器隔断。此时，压缩机没有开机，电磁阀未打开，利用钢瓶与储液器之间的压力差和位差来充注液体制冷剂。

（7）当磅秤的砝码开始下落时，表明制冷剂的充注量达到了要求。关闭钢瓶阀门，把出液阀阀杆旋出到底，使之处于打开位从而关闭旁通孔，拆下直通型接头，用密封螺塞堵上旁通孔，充注制冷剂的操作结束。

4. 从专用充注口充注制冷剂

对于在干燥过滤器和出液阀之间设置了专用的充注口的制冷系统，可从专用充注口充注制冷剂。这种方法适用于系统抽真空后第一次充注制冷剂，其特点是制冷剂以液体状态充入。其操作步骤如下：

（1）制冷系统所有阀门都打开。开启冷却水系统或开启冷凝风扇，预冷冷凝器。

（2）关闭一下充注口的阀门，以确保阀门处于关断状态。拆下充注口的密封螺母，接上充氟管，充氟管接制冷钢瓶。

（3）将钢瓶放在磅秤上，瓶口向下与地面约成 30°角的倾斜。

（4）将加氟管一头拧紧在制冷剂钢瓶上，另一头与机组的专用的充注口虚接，然后打开氟瓶瓶阀。当看到加液阀与加氟管虚接口处有氟雾喷出时，就说明加氟管中的空气已排净，应迅速拧紧虚接口。

（5）称出钢瓶总重，减去制冷剂的充注量，就是砝码的放置位置。

（6）打开充氟口阀门。此时，压缩机没有开启，电磁阀未打开，充注口与储液器相通，与干燥过滤器隔断，钢瓶内制冷剂直接进入储液器内。

（7）当制冷剂还没有充够，而钢瓶和储液器的压力又逐渐平衡，造成制冷剂很难继续充注时，可关闭出液阀，启动压缩机，依靠压缩机的吸力来充注制冷剂。

（8）当磅秤的砝码开始下落时，表明制冷剂的充注量达到了要求。关闭钢瓶阀门和充氟口阀门，拆下充氟管，旋上充注口的密封螺母，充注制冷剂的操作结束。

从专用充注口添加制冷剂的操作，其操作步骤如下：

（1）将制冷系统所有阀门都打开。开启冷却水系统或开启冷凝风扇，预冷冷凝器。

（2）关闭一下充注口的阀门，以确保阀门处于关断状态。拆下充注口的密封螺母，接上充氟管，充氟管接制冷剂钢瓶。

（3）打开钢瓶阀门，把充氟管的接扣拧松，排出充氟管内空气，当喷出雾状制冷剂后拧紧接扣。

（4）把贮液器出液阀的阀杆旋入到底，打开充注口阀门。此时，压缩机没有开启，电磁阀未打开，充注口与储液器和蒸发器都隔断。

（5）启动压缩机，电磁阀自动开启，充注口与蒸发器相通。在压缩机的吸力作用下，钢瓶内制冷剂经过膨胀阀，进入蒸发器，又被压缩机排入冷凝器内液化，储存在储液器内。

（6）由于制冷系统需要补充制冷剂的数量很难确定，因此应控制充注量，防止制冷剂充注过多，可关闭充注口阀门，停止充注。打开出液阀，让压缩机试运转。试运转时，依据制冷系统正常运转的标志，来判断制冷剂的补充量是否合适。若制冷剂不足，可关闭出液阀，打开钢瓶阀门，继续补充制冷剂。若制冷剂充注过多，应从系统中取出多余的制冷剂。

（7）关闭钢瓶阀门和充注口阀门，拆下充氟管，旋上充注口的密封螺母，充注制冷剂的操作结束。

充氨的步骤与充氟类似。

4.4 螺杆式制冷机组试运行与调试

螺杆式制冷机组试运行前的吹污、气密性试验和真空试验等与活塞式制冷机组相同。

4.4.1 螺杆式制冷机组试运行前的准备工作

1. 压力吹污

螺杆式制冷机组的压力吹污是指机组在进行大修或新安装结束后，使用压力为0.5～0.6MPa（表压）的干燥空气或氮气对系统管路和各容器内部进行吹扫，使系统中残存的氧化物、焊渣和其他污垢由排污口排出。

系统吹污时要将所有与大气相通的阀门关闭，其余阀门全部开启。吹污工作应按设备和管道分段或分系统进行，排污口应选择在各管道分段的最低点。

吹污可使用氮气或压缩空气，对于氟利昂系统应使用氮气吹污。压缩空气应经过干燥处理。将氮气或干燥的压缩空气充入系统，当系统内的压力达到0.6MPa时，用木榔头轻轻敲击管道，然后迅速开启排污阀。吹污过程可反复多次，直至检测排污口前无污物时为止。

用制冷压缩机吹污时，应关闭压缩机的本机吸气阀，打开吸气阀与压缩机吸气管间的法兰，用白色绸布将吸气口包扎，让外界空气经绸布和压缩机吸气过滤器过滤后，进入压缩机。制冷压缩机在压缩空气时，排气温度升高很快，应该停停升升，控制压缩机的排气温度，不超过允许值。

2. 压力检漏

压力检漏是指机组在完成吹污工作后，向系统内充打入压力氮气或干燥空气进行气密性试验。其操作方法是：关闭机组中所有与大气相通的阀门，打开机组中各部分间的连接阀门，然后向机组内充入0.6MPa（表压）压力的干燥空气或氮气。此后可用肥皂水对机组的阀门、焊缝、螺纹接头、法兰等部位进行气密性检查。当发现有泄漏现象时，应放掉试漏气体后再进行修补。

排除或没有发现机组泄漏后，可继续向机组充入干燥空气或氮气，在充入气体的同时可混入少量的氟利昂气体，使机组内混合气体的压力达到规定的试验压力，然后再用肥皂水进行检漏。没有查出漏点后，再用电子检漏仪做进一步细致的检漏，确认无泄漏问题后，保压24h，修正温度影响后无压力下降为合格，24h后确认机组确实无泄漏，可将试漏气体由放空阀处排放出去。当压力降至0.6MPa时，可关闭放空阀，然后打开机组的排污口，进行再次排污。

3. 点车试机

点车试机是指在机组完成试漏工作以后，对于开启式机组，拆下联轴节上的螺钉和压板，取下传动芯子，将飞轮移向电机一侧，使电机与压缩机分开，然后用点动方式通电，检查电机的转动方向是否正确（对于半封闭或全封闭式机组，此项工作可不做），同时，再点动油泵，检查油泵的转动方向是否与泵壳上所标的箭头方向一致。检查合格后，将联轴节上的传动芯子和压板回装复位，并用螺钉紧固，其找正允许偏差应符合随机技术文件的规定。

盘动压缩机应无阻滞、卡阻等现象。

4. 充注冷冻润滑油

向螺杆式制冷机组充注冷冻润滑油有两种情况，一种是机组内没有润滑油的首次加油，另一种是机组内已有一部分润滑油，需要补充润滑油。可以从图4-7分析加油管线及设备。

（1）机组首次充注冷冻润滑油的操作。首次充注冷冻润滑油有三种常用方法：

1）使用加油泵加油。将所使用的加油泵的油管一端接在机组油粗过滤器前的加油阀上，另一端放入盛装冷冻润滑油的容器内。同时，将机组的供油止回阀和喷油控制阀关闭，打开油冷却器的出口阀和加油阀，然后启动加油泵，使冷冻润滑油经加油阀进入机组的油冷却器内，冷冻润滑油充满油冷却器后，将自动流入油分离器内，达到给机组加油的目的。

2）使用机组本身油泵加油。操作时，将加油管的一端接在机组的加油阀上，另一端置于盛油容器内，开启加油阀及机组的喷油控制阀、供油止回阀，然后启动机组本身的油泵，将冷冻润滑油抽进系统内。

3）真空加油法。真空加油法是利用制冷压缩机机组内的真空将冷冻润滑油抽入机组内。操作时，要先将机组抽成一定程度的真空，将加油管的一端接在加油阀上，另一端放入盛有冷冻润滑油的容器中，然后打开加油阀和喷油控制阀，冷冻润滑油在机组内、外压差作用下被吸入机组内。

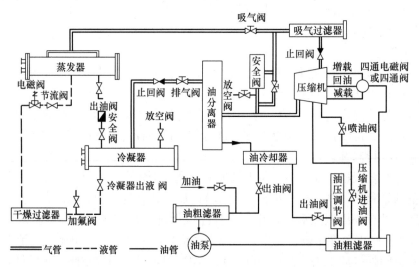

图 4-7　LSLGF500 螺杆式冷水机组系统图

机组加油工作结束后，可启动机组的油泵，通过调节油压调节阀来调节油压，使油压维持在 0.3～0.5MPa（表压）范围。开启能量调节装置，检查能量调节在加载和减载时工作能否正常，确认正常后可将能量调节至零位，然后关闭油泵。

（2）机组的补油操作方法。机组在运行过程中，发现冷冻润滑油不足时的补油操作方法是：将氟利昂制冷剂全部抽至冷凝器中，使机组内压力与外界压力平衡，此时可采用机组本身油泵加油的操作方法向机组内补充冷冻润滑油。同时，应注意观察机组油分离器上的液面计，待油面达到标志线上端约 2.5cm 时，停止补油工作。

应当注意的是，在进行补油操作中，压缩机必须处于停机状态。如果想在机组运行过程中进行补油操作，可将机组上的压力控制器调到"抽空"位置，用软管连接吸气过滤器上的加油阀，将软管的另一端插入盛油容器的油面以下，但不得插到容器底部。然后关小吸气阀，使吸气压力至真空状态，此时，可将加油阀缓缓打开，使冷冻润滑油缓慢地流入机组，达到加油量后关闭加油阀，调节吸气阀使机组进入正常工作状态。

5. 机组的真空度要求

在制冷系统中充入一定量的冷冻润滑油之后，就应该使用真空泵将机组内抽成真空状态，要求机组内压力达到的绝对压力在 5.33kPa 以下。一般情况下，不要使用机组本身抽真空，以免油分离器内残存一部分空气无法排出。

6. 向机组内充注制冷剂

当机组的真空度达到要求以后，可向机组内充注制冷剂，其操作方法是：

（1）打开机组冷凝器、蒸发器的进、出水阀门。

（2）启动冷却水泵、冷冻水泵、冷却塔风机，使冷却水系统和冷冻水系统处于正常的工作状态。

（3）将制冷剂钢瓶置于磅秤上称重，并记下总重量。

（4）将加氟管一头拧紧在氟瓶上，另一头与机组的加液阀虚接，然后打开氟瓶瓶阀。当看到加液阀与加氟管虚接口处有氟雾喷出时，就说明加氟管中的空气已排净，应迅速拧紧虚接口。

（5）打开冷凝器的出液阀、制冷剂注入阀、节流阀，关闭压缩机吸气阀，制冷剂在氟瓶与机组内压差作用下进入机组中。当机组内压力升至 0.4MPa（表压）时，暂时将注入阀关闭，然后使用电子卤素检漏仪对机组的各个阀口和管道接口处进行检漏，在确认机组各处无泄漏点后，可将注入阀再次打开，继续向机组中充注制冷剂。

（6）当机组内制冷剂压力和氟瓶内制冷剂压力平衡时，可将压缩机的吸气阀稍微打开一些，使制冷剂进入压缩机内，直至压力平衡。然后可启动压缩机，按正常的开机程序，使机组处于正常的低负荷运行状态（此时应关闭冷凝器的出液阀），同时观察磅秤上的称量值。当达到充注量后将氟瓶瓶阀关闭，然后再将注入阀关闭，充注制冷剂工作结束。

其他充注制冷剂的方法与活塞式制冷机组类似。

4.4.2 负荷试运转

1. 试运转前的准备工作

（1）按设备技术文件的规定，将机组的高、低压压力继电器的高压压力值调定到高于机组正常运行的压力值，低压压力值调定到低于机组正常运行的压力值；将压差继电器的调定值定到 0.1MPa（表压），使其能控制当油压与高压压差低于该值时自动停机，或机组的油过滤器前后压差大于该值时自动停机。

（2）检查机组中各有关开关装置是否处于正常位置。

（3）检查油位是否保持在视油镜的 1/2～1/3 的正常位置上。

（4）检查机组中的吸气阀、加油阀、制冷剂注入阀、放空阀及所有的旁通阀是否处于关闭状态，但是机组中的其他阀门应处于开启状态。应重点检查位于压缩机排气口至冷凝器之间管道上的各种阀门是否处于开启状态，油路系统应确保畅通。

（5）检查冷凝器、蒸发器、油冷却器的冷却水和冷冻水路上的排污阀、排气阀是否处于关闭状态，而水系统中的其他阀门均应处于开启状态。

（6）冷却水系统和冷冻水系统应能正常工作。

（7）检查机组供电的电源电压应符合要求。

2. 机组的试运行启动程序及运转调整

（1）启动冷却水泵、冷却塔风机，使冷却水系统正常循环。

（2）启动冷冻水泵并调整水泵出口压力使其正常循环。

（3）对于开启式机组，应先启动油泵，待工作几分钟后再关闭，然后用手盘动联轴器，观察其转动是否轻松。若不轻松，就应进行检查处理。

（4）闭合控制柜总开关，检查操作控制柜上的指示灯能否正常亮。若有不亮者，就应查明原因及时排除。

（5）启动油泵，调节油压使其达到 0.5～0.6MPa，同时将手动四通阀的手柄分别转动到增载、停止、减载位置，以检验能量调节系统能否正常工作。

（6）将能量调节手柄置于减载位置，使滑阀退到零位，然后检查机组油温。若低于 30℃就应启动电加热器进行加热，使温度升至 30℃以上，然后停止电加热器，启动压缩机运行，同时缓慢打开吸气阀。

（7）机组启动后检查油压，并根据情况调整油压，使它高于排气压力 0.15～0.3MPa。

（8）依次递进进行增载试验，同时调节节流阀的开度，观察机组的吸气压力、排气压力、油温、油压、油位及运转声音是否正常。如无异常现象，就可对压缩机继续增载至满负荷运行状态。

（9）机组启动运行中的检查。机组启动完毕，投入运行后，应注意对下述内容的检查，以此确保机组安全运行。

1）检查冷冻水泵、冷却水泵、冷却塔风机运行时的声音、振动情况，水泵的出口压力、水温等各项指标是否在正常工作参数范围内。

2）检查润滑油的油温、油压和油位是否符合设备技术文件的规定。

3）压缩机处于满负荷运行时，检查吸气压力值是否符合设备技术文件的规定。

4）压缩机的排气压力和排气温度是否符合设备技术文件的规定。

5）压缩机运行过程中，检查电机的运行电流是否符合设备技术文件的规定。若电流过大，就应调节至减载运行，以此防止电机由于运行电流过大而烧毁。

6）检查压缩机运行时的声音、振动情况是否正常。

7）检查冷冻水、冷却水系统的压力是否正常。

上述各项中，若发现有不正常情况时，就应立即停机，查明原因，排除故障后再重新启动机组。切不可带着问题让机组运行，以免造成重大事故。

3. 试运转时的停机操作

（1）机组第一次试运转时间一般以 30min 为宜。达到停机时间后，先进行机组的减载操作，使滑阀回到 40%～50%位置，关闭机组的供液阀，关小吸气阀，停止主电机运行，然后再关闭吸气阀。

（2）待机组滑阀退到零位时，停止油泵运行。

（3）关闭冷却水水泵和冷却塔风机。

（4）待 10min 以后关闭冷冻水水泵。

（5）关闭控制电源。

4.5 离心式制冷机组试运行与调试

4.5.1 离心式制冷机组试运行前的准备工作

离心式制冷机组试运行前准备工作的内容主要有以下几项：

1. 密封性试验

当离心式制冷机组出厂时充有保护性氮气时，观察机组内的压力值，来判断机组的密封性。

（1）机组压力表所示压力正常

表明机组的保护性氮气的压力没有发生变化，则抽出氮气进行泄漏试验。

1）从机组中抽出部分保护性氮气。

2）向系统内充入少量氟利昂制冷剂，使氟利昂制冷剂与氮气充分混合后，再用电子检漏仪或卤素检漏灯进行确认性检漏。

3）若有泄漏疑点就应做好记号，泄压后修补，再充制冷剂检漏，直到合格为止。

（2）机组压力表所示压力异常

压力异常表明机组有泄漏，需要进行压力检漏。

1）检漏可使用干燥空气或氮气，而使用氮气比较方便，充入氮气前关闭所有通向大气的阀门。

2）打开所有连接管路、压力表、抽气回收装置的阀门。

3）向系统内充入氮气。充入氮气的过程可以分成两步进行：第一步先充入氮气，至压力为 0.05~0.1MPa 时止，检查机组有无大的泄漏。确认无大的泄漏后，第二步再加压至规定的试验压力值。若机组装有防爆片装置的，则氮气压力应小于防爆片的工作压力。

4）充入氮气工作结束后，可用肥皂水涂抹机组的各接合部位、法兰、填料盖、焊接处，检查有无泄漏，若有泄漏疑点就应做好记号，泄压后修补，再进行压力检漏，直到合格为止。对于蒸发器和冷凝器的管板法兰处的泄漏，应卸下水室端盖进行检查。

5）在检查中若发现有微漏现象，为确定是否泄漏，可向系统内充入少量氟利昂制冷剂，使氟利昂制冷剂与氮气充分混合后，再用电子检漏仪或卤素检漏灯进行确认性检漏。

6）在确认机组各检测部位无泄漏以后，应进行保压试漏工作，其要求是：在保压试漏的 24h 内，修正温度影响后压力无变化为合格。

2. 机组的干燥除湿

在压力检漏合格后，下一步工作是对机组进行干燥除湿。干燥除湿的方法有两种：一种为真空干燥法，另一种为干燥气体置换法。

（1）真空干燥法

具体操作方法如下：

1）将一高效真空泵与制冷剂充注阀相连。

2）连接绝对压力表或真空表。

3）在周围环境温度到达 15.6℃ 或更高时，进行抽真空，直至绝对压力为 34.6kPa 时，继续抽 2h。

4）关闭阀门和真空泵，记录压力表或真空表的读数。

5）等候 2h，再记一次读数，如果读数不变，则除湿完成；如果读数无法保持，则需重复进行密封性检测。

6）如果几次测试后，读数一直改变，在最大达 1103kPa 压力下，执行泄漏试验，确定泄漏处并修补它，重新除湿。

（2）干燥气体置换法

具体方法如下：

利用高效真空泵将机组内抽成真空状态后，充入干燥氮气，促成机组内残留的水分汽化，通过观察绝对压力表或真空表的变化状况，反复抽真空充氮气 2～3 次，以达到除湿目的。

3. 真空检漏试验

真空检漏试验可按以下操作进行：将机组内部抽成绝对压力为 2666Pa 的状态，停止真空泵的工作，关闭机组连通真空泵的波纹管阀，等待 1～2h 后，若机组内压力回升，可再次启动真空泵抽空至绝对压力 2666Pa 以下，以除去机组内部残留的水分或制冷剂蒸汽。若如此反复多次后，机组内压力仍然上升，可怀疑机组某处存在泄漏，应重作压力检漏试验。从停止真空泵最后一次运行开始计时，若 24h 后机组内压力不再升高，可认为机组基本上无泄漏，可再保持 24h。修正温度影响后压力无变化为合格。

4. 充注冷冻润滑油

离心式制冷机组在压力检漏和干燥处理工序完成以后，在制冷剂充注之前进行冷冻润滑油的充注工作。其操作方法是：

（1）将加油用的软管一端接在油泵油箱（或油槽）上的润滑油充注阀上，另一端的端头用 300 目铜丝过滤网包扎好后，浸入油桶（罐）之中。开启充注阀，靠机组内、外压力差将润滑油吸入机组中。

（2）初次充注的润滑油油位标准是从视油镜上可以看到油面高度为 5～10mm 的高度。因为当制冷剂充入机组后，制冷剂在一定温度和压力下溶于油中使油位上升。机组中若油位过高，就会淹没增速箱及齿轮，造成油溅，使油压剧烈波动，进而使机组无法正常运行。

（3）冷冻润滑油初次充注工作完成后，应随即接通油槽下部的电加热器，加热油温至 50～60℃ 后，电加热器投入“自动”操作。润滑油被加热以后，溶入油中的制冷剂会逐渐逸出。当制冷剂基本逸出后，油位处于平衡状态时，润滑油的油位应在视油镜刻度中线 ± 5mm 的位置上。若油量不足，就应再接通油罐，进行补充。

进行补油操作时，由于机组中已有制冷剂，会使机组内压力大于大气压力，此时可采用润滑油充填泵进行加油操作。

5. 充注制冷剂

离心式制冷机组在完成了充注冷冻润滑油的工序后，下一步应进行制冷剂的充注操作，其操作方法是：

（1）用铜管或PVC（聚氯乙烯）管的一端与蒸发器下部的加液阀相连，另一端与制冷剂钢瓶顶部接头连接，并保证有好的密封性。

（2）加氟管（铜管或PVC管）中间应加干燥器，以去除制冷剂中的水分。

（3）充注制冷剂前应对油槽中的润滑油加温至50~60℃。

（4）若在制冷压缩机处于停机状态时充注制冷剂，可启动蒸发器的冷冻水泵（加快充注速度及防止管内静水结冰）。

（5）随着充注过程的进行，机组内的真空度下降，吸入困难时（当制冷剂已浸没两排传热管以上时），可启动冷却水泵运行，按正常启动操作程序运转压缩机（进口导叶开度为15%~25%，避开喘振点，但开度又不宜过大），使机组内保持 4.0×10^{-4} Pa 的真空度，继续吸入制冷剂至规定值。

在制冷剂充注过程中，当机组内真空度减小，吸入困难时，也可采用吊高制冷剂钢瓶，提高液位的办法继续充注，或用温水加热钢瓶，但切不可用明火对钢瓶进行加热。

（6）充注制冷剂过程中应严格控制制冷剂的充注量。各机组的充注量应符合设备技术文件的规定。机组首次充注量应约为额定值的50%左右。待机组投入正式运行时，根据制冷剂在蒸发器内的沸腾情况再作补充。制冷剂一次充注量过多，会引起压缩机内出现"液击"现象，造成主电机功率超负荷和压缩机出口温度急剧下降。而机组中制冷剂充注量不足，在运行中会造成蒸发温度（或冷冻水出口温度）过低而自动停机。

6. 试运行前电气及设备的检查

（1）检查主电源、控制电源、控制柜、启动柜之间的电气线路和控制管路，确认接线正确无误，符合接线图和各有关电气规范。

（2）检查并确认油泵、电源箱都已配备熔断开关或断路器。

（3）检查控制系统中各调节项目、保护项目、延时项目的控制设定值，应符合设备技术文件的规定，并且要动作灵活、正确。

（4）检查控制柜上各仪表指示值是否正常，指示灯是否点亮。

（5）检查水泵、冷却塔风机和有关的辅助设备运行是否正常，包括电机的润滑、电源及旋转方向是否正确。

（6）对于现场安装的启动柜，用500V绝缘测试仪，测试机组压缩机电机及其电源导线的绝缘电阻。

（7）检查机组油槽的油位，油面应处于视油镜的中间位置。

（8）油槽底部的电加热器应处于自动调节油温位置，油温应在50~60℃范围内；点动油泵使润滑油循环，油循环后油温下降应继续加热使其温度保持在50~60℃范围内，应反复点动多次，使系统中的润滑油温超过40℃以上。

（9）开启油泵后调整油压至设备技术文件规定的压力范围。

（10）检查蒸发器视液镜中的液位是否符合规定值。若达不到规定值就应补充，否则不准开机。

（11）启动抽气回收装置运行5~10min，观察压缩机电机的转向应正确。

（12）检查蒸发器、冷凝器进出水管的连接是否正确，管路是否畅通，冷冻水、冷却水系统中的水是否注满，冷却塔风机能否正常工作。

（13）将压缩机的进口导叶调至全闭状态，能量调节阀处于"手动"状态。

（14）启动冷冻水泵，调整冷冻水系统的水量和排除其中的空气。

（15）启动冷却水泵，调整冷却水系统的水量和排除其中的空气。

（16）抽气回收装置未投入运转或机组处于真空状态时，与蒸发器、冷凝器顶部相通的两个波纹管阀门均应关闭。

（17）检查润滑油系统，各阀门应处于规定的启闭状态，即高位油箱和油泵油箱的上部与压缩机进口处相通的气相平衡管应处于贯通状态。油引射装置两端波纹管阀应处于暂时关闭状态。

（18）检查浮球阀是否处于全闭状态。

4.5.2 离心式制冷机组的空负荷试运转

离心式制冷机组空负荷试运转的目的在于检查电机的转向和各附件的动作是否正确，以及机组的机械运转是否良好。其试运转程序如下：

（1）将压缩机吸气口的导向叶片或进气阀关闭，拆除冷凝器及蒸发器检视口等，使压缩机排气口与大气相通。

（2）开启水泵，使冷却水系统正常工作。

（3）开启油泵，调整循环系统，保证正常供油。

（4）盘动压缩机无误后，点动压缩机，检查无卡阻现象后再启动，间歇运转 5min、15min、30min，仔细观察是否有异常现象和声音。停机时，要观察电机转子的惯性，其转动时间应能延续 1min 以上。同时，要防止压缩机停机后短时间内再次启动，一般应待停机 15min 后才能再次启动。

4.5.3 离心式制冷机组的负荷试运转

离心式制冷机组负荷试运转的目的在于检查机组在制冷工况下机械运转是否良好。试运转程序如下：

（1）制冷机组充注制冷剂之后，除了油泵润滑系统、冷冻水、冷却水系统具备负荷运转条件外，浮球室内的浮球应处于工作状态，吸气阀和导向叶片应全部关闭，各调节仪表和指示灯应正常。

（2）把转向开关指向手动位置，启动主电机，根据主机运转情况，逐步开启吸气阀和能量调节导向叶片。导向叶片开启度连续调整到 $30\% \sim 50\%$，使其迅速通过喘振区，检查主电机电流和其他部位均正常后，再继续增大导向叶片的开启度，逐步增加机组负荷，直至全负荷为止，无异常现象时连续运转 2h。

（3）手动开机运转正常后，再进行自动开机试运转，把转向开关指向自动位置，人工启动后，随之进入自动运转，制冷量自动进行调节。当控制仪表动作后自动停机时，控制盘上会有灯光显示及音响报警。自动运转方式应在各种仪表继电器进行调整和校核后才能进行。自动试运转应连续运转 4h。

4.5.4 试运转的检查

试运转中在冷冻水温、冷却水温趋于稳定时，操作人员应经常注意下列部位：

（1）油压、油温和油箱的油位；

（2）蒸发器中制冷剂的液位；

（3）电机温升；

（4）冷冻水、冷却水的压力、温度和流量；

（5）设备的声响和振动；

（6）冷凝压力和蒸发压力的变化；

（7）轴承的温升。

当机器发生喘振时，应立即采取措施予以消除。应详细记录冷凝压力、蒸发压力、冷却水和冷冻水进、出口温度，以便与以后运行中的参数进行比较。试运转时应对各种仪表、继电器的动作进行调整和整定。

在确认机组一切正常后，可停止负荷试机，以便为正式启动运行做准备。其停机程序是：先停止主电机工作，待完全停止运转后再停油泵；然后停止冷却水泵和冷冻水泵运行，关闭供水阀。

4.5.5 离心式制冷机组的开机与停机操作

离心式制冷机组试运行时的开机及停机操作与单元 6 第 2 节的开机及停机操作相同。自动运转方式需在自控系统经过调试，各种仪表继电器的动作进行调整和整定后才能进行。

4.6 溴化锂吸收式制冷机组的试运行与调试

溴化锂吸收式制冷机组安装就位后，投入运行之前，需要对机组进行试运行与调试。

4.6.1 机组调试前的准备工作

1. 系统的外部条件检查

（1）检查机组内所有的管路系统是否清洗干净。

（2）检查机组的设备及其附件是否安装正确、齐全。

（3）检查冷冻水泵和冷却水泵各连接螺栓是否松动；润滑油、润滑脂是否充足；填料是否漏水；检查运转电流是否正常；泵的压力、声音及电机温度等是否正常。

（4）检查冷却塔型号是否正确；流量是否达到要求；冷却水温差是否合理。

2. 设备及电气系统检查

（1）电器、仪表的检查，检查电源供电电压是否正常；温度与压力继电器的指示值是否符合要求；调节阀的设定值是否正确、动作是否灵敏，系统各调节阀的位置应符合设备技术文件的要求；流量计与温度计等测量仪表是否达到精度要求；控制箱动作是否可靠。

（2）检查各阀门位置是否符合要求。

（3）检查真空泵的转动是否灵活、转向是否正确；真空泵油位是否在视油镜中部，油质是否符合要求。

（4）检查屏蔽泵的电机绝缘电阻值是否符合要求；屏蔽泵启动与关闭检查；屏蔽泵过载保护检查。

（5）检查蒸汽凝水系统、冷却水系统和冷媒水系统，检查系统的管路；若冷却水和冷媒水系统均为循环水时，还要检查水池水位，水位不足时，要添加补充水。

3. 气密性检查

溴化锂吸收式制冷机组是高真空度的制冷设备，这是与其他制冷机的不同之处。因此，保持机组的高真空度状态，即保持机组的气密性对溴化锂吸收式制冷机来说是至关重要的。

若有空气进入机组，不仅使机组性能大幅度下降，而且引起溴化锂溶液对机组的腐蚀。因此，设备在现场安装完毕后，为保证制冷机组的正常运行，应对机组进行气密性检查，内容包括压力检漏和真空检漏。

（1）压力检漏

机组总装完毕后，首先对机组进行压力检漏，步骤如下：

1）向机组内充入氮气，气体压力按设备技术文件的要求，若无氮气，可用干燥的压缩空气，但对已经试验或运转的机组，机内充有溴化锂溶液，必须使用氮气。

2）机组充入氮气后，在法兰密封面、螺纹连接处、传热管胀接接头，以及焊缝等可能泄漏的地方，涂以有一定浓度的肥皂水或其他发泡剂检漏。若有泡沫连续生成的部位，则为泄漏的地方。微小的泄漏要隔一段时间才有很小的泡沫慢慢地出来，需要特别注意。

3）对于可以浸没于水中的部分，也可用浸水法检查。细心观察是否有汽泡逸出，气泡产生处即泄漏位置。

4）对于已发现泄漏的地方，将机组内氮气放尽后进行修补，然后再重复以上压力检漏步骤，直到认为整个系统无一漏处为止。最好稍为观察一段时间，观察机组压力有无变化。

5）若无泄漏时，可对机组保压检查。机组保压 24h，修正温度影响后压力无变化为合格。

6）机组所有泄漏已被修复后，则可对系统按上述 5）的要求进行保压检漏。

（2）卤素检漏

卤素检漏应在压力检漏合格后进行。由于溴化锂吸收式制冷机组体积较大，连接处多，容易产生漏检现象，且卤素检漏是正压检漏，与机组的负压运行状态相反，故卤素检漏法不能作为机组密封检查合格的最终标准。

卤素检漏方法：先将机组抽空至 50Pa 的绝对压力，建议向机组内充入纯氟利昂，用卤素检漏仪对焊缝、阀门、法兰密封面及螺纹接头等处检漏。若是用氟利昂和氮气混合进行检漏时，在同样泄漏率的情况下，氟利昂泄露出的浓度将降低，容易造成卤素检漏仪检漏不准确。

若发现有泄漏，要进行补漏。将机组内压力减为当地大气压力，焊接处有砂眼、裂缝，可用焊接方法修补；传热管胀口泄漏，必须更换铜管；铜管裂缝，也必须更换；视液镜法兰的垫子，若断裂、破损，更换与原垫子相同材料的垫子。

机组在修补后必须重做压力检漏或卤素检漏，直至合格。

（3）真空检漏

机组在压力检漏合格后，为了进一步验证在真空状态下的可靠程度，需要进行真空检漏。真空检漏是考核机组气密性的重要手段，也是气密性检验的最终手段。

真空检漏方法：

1）将机组通往大气的阀门全部关闭。

2）用真空泵将机组抽至 50Pa 绝对压力。

3）记录当时的大气压力、温度以及 U 形管上的水银柱高度差。

4）保持 24h 后，再记录当时的大气压力、温度以及 U 形管上的水银柱高度差。

5）修正大气压和温度影响后压力无变化为合格。

用 U 形管绝对压力计读值不够准确，可采用读值准确的旋转式真空计（麦氏真空计），如果机组中有水分蒸发，不宜使用旋转式真空计，可选用薄膜式及其他形式的真空计。

6）若机组真空检验不合格，仍需将机组内充以氮气，重新用压力检漏法进行检漏，消除泄漏后，再重复上述的真空检漏步骤，直至真空检漏合格为止。

7）机组内若有水分，水汽化产生的水蒸气会影响真空检漏的准确性，真空检漏时可考虑将真空度保持在水的饱和蒸发压力以上。最好在机组内不含水分的情况下检漏。

4. 屏蔽泵的试运转

溴化锂吸收式制冷机组中的屏蔽泵有蒸发器泵、发生器泵和吸收器泵，它们是靠自身液体冷却和润滑的。屏蔽泵对于制冷机组能否正常工作起到主要的作用。因此，机组未进行系统运转前，必须先对屏蔽泵进行检查和试运转，为系统进行清洗创造条件。

（1）屏蔽泵的旋转方向判断

屏蔽泵的旋转方向应正确，但屏蔽泵无外露轴头，在判断转动方向时，必须先于机组充注清水，然后按下列方法运转：

1）开启屏蔽泵管路中的阀门，启动屏蔽泵并运转5~10s。

2）倾听屏蔽泵运转的声音判断旋转的方向，如产生"喀啦"不正常的声音，则说明反向，应更改电源的接线，即三相电源中的二相倒过来。

（2）屏蔽泵正常运转后，工作应稳定，无异常振动和声响，紧固连接部位无松动。

（3）屏蔽泵电机运行电流符合设备技术文件的规定。

（4）屏蔽泵连续运转时，屏蔽泵外壳最高温度不得超过70℃。

5. 真空泵的试运转

为了保证系统的正常运转和提高设备使用寿命，溴化锂吸收式制冷系统中设有抽气装置，使机组处于真空状态。真空泵安装后，应在机组试运转前对系统的真空泵性能进行调试。

（1）在真空泵吸入管道上安装真空压力表，关闭真空泵上与制冷系统连通的阀门。

（2）从油孔注入清洁的真空泵油至油标中心线，并拧紧油孔丝堵。应做到油位适当，过低会降低真空度，过高会从排气口喷出。

（3）启动前，按旋转方向用手盘转泵轮，如无异常现象，即可启动电机使其运转。

（4）启动真空泵，抽至压力在0.0133kPa以下时停泵，然后观察真空压力表，确定有无泄漏。

（5）在运转过程中油温应不得超过75℃，不得有异常的响声。

6. 机组的清洗

机组出厂前若已在性能测试台上做过性能试验，并已充注溶液，机组则不必进行清洗，否则，机组在进行调试、充注溶液前，应对制冷机进行清洗，以消除机内的浮锈、油污等脏物。清洗的介质最好用蒸馏水，若没有蒸馏水，也可以使用水质较好的自来水。清洗方法有两种：一种是机组加水后，开动机组中的水泵进行循环冲洗；另一种是在第一种的基础上，利用机组加热的热源对循环水加热进行循环冲洗。

（1）拆下屏蔽泵，封闭泵进、出口管道，用蒸馏水或清洁自来水从机组上部的不同位置注入，直至机组内的水量充足，然后分别从机组下部不同位置的放水口将水放出，这样，机组内杂质和污物随着水一同流出。重复操作，直至放出的水无杂质、不浑浊为止。最后放尽存水。

（2）在屏蔽泵的入口装上过滤器，然后装到机组上，注入蒸馏水或清洁自来水至机组正常液位，其充注可略大于所需的溴化锂溶液量。

（3）启动机组吸收器泵，持续4h，使注入的清水在机内循环。

（4）启动冷却水泵，使冷却水在机组内循环，打开蒸汽阀门，让加热蒸汽进入高压发生器，使在机内循环的清水温度升高并蒸发产生水蒸气，水蒸气在冷凝器内经冷凝后进入蒸发器。当蒸发器内水位达到一定高度后，启动蒸发器泵，使水在蒸发器泵中循环。然后让水通过旁通管进入吸收器。若供汽系统、冷却水泵系统暂不能投入运行，也可用清水直接清洗。但最好采用水温为60℃左右的清水，以利于清洗机内的油污。

（5）制冷机组各泵运转一段时间后，将水放出。若放出的水比较干净，清洗工作则可结束。若放出的水较脏，还应再充入清水，重复上述清洗过程，直到放出的水干净为止。

（6）清洗合格后，拆下机组各泵和泵入口的过滤器，清洗过滤器，然后将各泵重新装好。

（7）清洗检验合格后，应及时抽真空，充注溴化锂溶液，让制冷机组投入运行。若长期停机，必须对机组内部进行干燥和充氮气封存，以免锈蚀。

7. 溴化锂溶液的充注

目前，溴化锂都以溶液状态供应，其质量分数一般为50%左右。一般销售的溴化锂溶液中已加入0.2%左右的铬酸锂或0.1%左右的钼酸锂作为缓蚀剂，且溶液的pH值调整至9~10.5，可直接加入机组。将已配制好的溴化锂溶液在大气压与机组内真空度的压力差作用下，从放液阀加入机组。溴化锂溶液的注入量，可按照设备技术文件上要求的数量确定。如果溴化锂溶液的质量分数偏低，可在机组调试过程中加以调整，使溶液达到正常运转时的质量分数要求。

如果溴化锂溶液放置的时间过长或遭受曝晒，应对溶液的质量分数、缓蚀剂含量、pH值及其他杂质重新进行测定。即使加入的是新溶液，也应测定其质量分数和缓蚀剂含量及pH值。同时，溴化锂溶液加入机组前应留有小样，以使在调试过程中，碰到溶液质量等问题时进行分析。

若无配制好的溴化锂溶液供应，溴化锂溶液应按设备技术文件的规定配置，也可按下面的步骤和方法进行配置。

（1）溴化锂溶液的配制

当用固体溴化锂制备溶液时，按质量分数为50%比例称好固体溴化锂和蒸馏水，先将蒸馏水倒入容器，再按比例逐步加入固体溴化锂，并搅拌，此时溴化锂放出溶解热，所以在加入固体溴化锂时，注意不要投入过快。固体溴化锂完全溶解于蒸馏水后，可用温度计和密度计（比重计）测量溶液的温度和密度，再从溴化锂溶液性能图表上查出质量分数。若受容器容积的限制，不能将设备所需的溶液一次配好，可分若干次配制。

（2）溴化锂溶液的充注

溴化锂溶液加入机组前应留有小样，以便调试过程中遇到溶液质量等问题时能进行分析。溶液的充注主要有两种方式：溶液桶充注和储液器充注。新溶液一般采用溶液桶充注方式，下面介绍溶液桶充注法：

1）检查机组的真空度（绝对压力应在133Pa以下），溴化锂溶液是依靠机组内外的压差而压进组的。

2）准备好溶液桶，溶液桶的桶口加设不锈钢丝网或无纺布等过滤网，将溴化锂溶液倒入桶内。取一根软管（真空胶管），将溴化锂溶液充满软管，排除管内的空气，然后将软管的一端连接机组的注液阀，另一端插入盛满溶液的桶内，如图4-8所示。

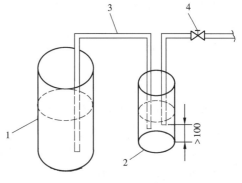

图 4-8　溶液充注装置
1—溶液桶；2—溶液充注桶；3—软管；
4—溶液充注阀

3）打开溶液充注阀，在机组内外压差的作用下，溴化锂溶液从注液阀进入机组内。调节充注阀的开度，可以控制溶液注入快慢。

4）溶液的充注量应符合设备技术文件的规定，如果溴化锂溶液质量分数不符合要求，充注量则应当计算，使充注的溴化锂溶液中含溴化锂量与要求符合。

5）溴化锂溶液按规定量充注完毕后，关闭注液阀，启动溶液泵，使溶液循环。再启动真空泵对机组抽真空，将充注溶液时可能带进机组的空气抽尽。同时，要观察机组液位及喷淋情况。

充注注意事项：

1）在充注过程中，要保持溶液桶内的溶液液位稳定。注意向溶液桶内的加液速度以及充注阀的开度。

2）在充注过程中，软管一端应始终浸入溶液中，以防空气沿软管进入机组。软管应与溶液桶底保持一定的距离（一般为30～50mm），以防桶底的杂质随同溶液一起进入机组。

8. 冷剂水的充注

冷剂水必须是蒸馏水或离子交换水（软水），不能用自来水或地下水，因为水中含有游离氯及其他杂质，影响机组的性能。

冷剂水量应按照设备技术文件规定的数量充注，系统内冷剂水量应等于加入机组的溴化锂溶液中的水分质量与加入机组冷剂水的质量之和，因此，冷剂水量的充注量还应考虑加入的溴化锂溶液的质量分数。如果加入的溴化锂溶液质量分数符合设备技术文件的要求，则冷剂水充注量就按照设备技术文件的要求数量加入。如果溴化锂溶液浓度低于50％时，可先不充注冷剂水，而利用溶液浓缩来产生冷剂水。冷剂水仍不足，可再充注补充水。如果加入机组的溴化锂溶液浓度高于50％，且不符合设备技术文件的要求，则加入机组的冷剂水量可通过计算，使加入的冷剂水量加上溴化锂溶液中的水分质量总和，等于设备技术文件要求的溴化锂溶液中的水分质量与加入的冷剂水质量之和。

冷剂水的充注步骤与溶液充注步骤相同：将蒸馏水或软化水先注入干净的桶或缸中，用一根真空橡胶管，管内充满蒸馏水以排除空气，一端和冷剂泵的取样阀相连，一端放入桶中，将水充入蒸发器中。

4.6.2　溴化锂吸收式制冷机组的调试

1. 机组的启动

（1）启动冷却水泵与冷冻水泵，慢慢打开它们的出口阀门，把水流量调整到设计值或设计值±5％范围内。同时，根据冷却水温状况，启动冷却塔风机，控制温度通常取22℃。超过此值，开启风机；低于此值，风机停止。

（2）启动发生器泵，通过调节发生器泵出口的蝶阀，向高压发生器、低压发生器送液，低压发生器的溶液液位稳定在一定的位置上，通常高压发生器在顶排传热管处，低压发生器在视液镜的中下部即可。

（3）启动吸收器泵。

（4）吸收器液位到达可抽真空时启动真空泵，对机组抽真空10～15min。

（5）以蒸汽为动力的机组，打开凝水回热器前疏水阀，缓慢打开蒸气阀门，向高压发生器送汽，机组在刚开始工作时蒸气表压力应控制在0.02MPa，使机组预热，无异常现象后，经30min左右慢慢将蒸汽压力调至设备技术文件的规定值，使溶液的温度逐渐升高。对高压发生器的液位应及时调整，使其稳定在顶排铜管。

对于以热水作为动力的机组，手动缓慢开启热水阀门。

（6）随着机组发生过程的进行，冷剂水不断由冷凝器进入蒸发器，当蒸发器液囊中的水位到达视液镜位置后，启动蒸发器泵，机组便逐渐投入正常运转。同时需调节蒸发泵蝶阀，保证泵不吸空和冷却水的喷淋。

2. 机组运转过程中的调试

为了保证机组正常稳定地工作，还要对以下内容进行检查和调试：

（1）溶液质量分数的测定

溴化锂溶液吸收冷剂水蒸气的能力，主要是由溶液的质量分数和温度决定的。溶液质量分数高及溶液温度低，溶液的水蒸气分压较小，吸收水蒸气的能力就强，反之则弱。溶液吸收水蒸气的多少，与机组中浓溶液和稀溶液之间质量分数差相关。质量分数差越大，则吸收冷剂蒸气量越多，机组的制冷量越大。测量溶液质量分数，不仅是机组运行初期及运行中的经常性工作，而且也是分析机组运行是否正常及故障的重要依据。需要测量的是机组中吸收器出口的稀溶液质量分数和高、低压发生器出口浓溶液的质量分数。

测量稀溶液浓度的方法比较简单，只要打开发生器泵出口阀用量筒取样即可。取样后，用浓度计和温度计可直接测出其浓度值和温度值。而测量浓溶液浓度取样就比较困难，这是因为浓溶液取样部分处于真空状态，不能直接取出，必须借助于如图4-9所示的取样器，通过抽真空的方式对浓溶液取样，把取样器取出的溶液倒入量杯，通过如图4-10所示的浓度测量装置来测量溶液的密度和温度，然后从溴化锂溶液的密度图表中查出相应的浓度。

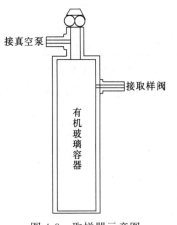

图4-9　取样器示意图

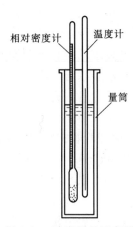

图4-10　浓度测量示意图

（2）溶液循环量的调整

溴化锂吸收式制冷机组运转初期，当外界条件如加热蒸汽压力、冷却水进口温度和流量、冷媒水出口温度和流量等基本达到要求后，应对进入高、低发生器的溶液循环量进行调整，以获得较好的运转效率。

因为溶液循环量过小，不仅会影响机组的制冷量，而且可能因发生器的放汽范围过大，浓溶液的浓度偏高，产生结晶而影响制冷机的正常运行；反之，溶液循环量过大，同样也会使制冷量降低，严重时还可能出现因发生器中液位过高而引起冷剂水污染，影响制冷机的正常运行。因此，要调节好溶液的循环量，使浓溶液和稀溶液的质量分数处于设定范围，保证良好的吸收效果。

溶液循环量是否合适，可通过测量吸收器出口稀溶液的浓度和高低压发生器出口浓溶液的浓度来判断。

（3）冷剂水相对密度的测量

冷剂水相对密度是否正常是溴化锂吸收式制冷机组正常运行的重要标志之一，要注意观察，及时测量。由于冷剂水泵的扬程较低，即使关闭冷剂水泵的出口阀门，仍无法从取样阀直接取出，还是应利用取样器，通过抽真空取出。抽取冷剂水后，用密度计直接测量。一般冷剂水的相对密度小于 1.04 属于正常运行。若冷剂水的相对密度大于 1.04，则说明冷剂水中已混有溴化锂溶液，冷剂水已被污染。这时就应查出原因，对已污染的水进行再生处理，直到相对密度接近 1.0 为止。

冷剂水的再生处理方法是：关闭冷剂泵出口阀，打开冷剂水旁通阀，使蒸发器液囊中的冷剂水全部旁通入吸收器中。冷剂水旁通后，关闭旁通阀，停止冷剂泵运行。待冷剂水重新在冷剂水液囊中聚集到一定量后，再重新启动冷剂泵运行，如果一次旁通不理想，可重复 2～3 次，直到冷剂水的密度合格为止。

若蒸发器内的冷剂水量偏少，要补充冷剂水时，应注意冷剂水的水质，不能随便加入自来水。

（4）溶液参数的调整

机组运行初期，溶液中铬酸锂含量因生成保护膜会逐渐下降。此外，如果机组内含有空气，即使是极微量也会引起化学反应，溶液的 pH 值增加，甚至会引起机组内部的腐蚀。因此，机组运行一段时间后，应取样分析铬酸锂的含量和 pH 值，以及铁、铜、氯离子等杂质的含量。

当铬酸锂的含量低于 0.1％时，应及时添加至 0.3％左右，pH 值保持在 9.0～10.5 之间（9.0 为最合适值，10.5 为最大允许值）。若 pH 值过高，就可用加入氢溴酸（HBr）的方法调整，若 pH 值过低就可用加入氢氧化锂（LiOH）的方法调整。添加氢溴酸时，浓度不能太高，添加速度也不能太快，否则，将会使机组内侧形成的保护膜脱落，引起铜管、喷嘴的化学反应以及焊接部位的点蚀。氢溴酸的添加方法是：从机内取出一部分溶液放在容器中，缓慢加入已被 5 倍以上蒸馏水稀释的氢溴酸（浓度为 4％），待完全混合后，再注入机组内。添加氢氧化锂与添加氢溴酸的方法相同。一般情况下，机组初投入运行时应对溶液取样，用 pH 测试纸测试其 pH 值，并作好记录，取出的样品应密封保存，作为运行中溶液定期检查时的对比参考。

为减缓溶液对机组的腐蚀，一般用铬酸锂作为缓蚀剂。在机组运行过程中，因各种原因，溶液中的缓蚀剂会消耗很大，为保证机组安全运行，应随时监测机组中溶液的颜色变化。并根据颜色变化来判定缓蚀剂的消耗情况，及时调整缓蚀剂量的加入量。溶液颜色与缓蚀剂量的消耗情况可参考表 4-2。

溶液的目测检查

表 4-2

项　　目	状　　态	判　　断
颜　　色	淡黄色	缓蚀剂消耗大
	无色	缓蚀剂消耗过大
	黑色	氧化铁多，缓蚀剂消耗大
	绿色	铜析出
浮游物	极少	无问题
	有铁锈	氧化铁多
沉淀物	大量	氧化铁多

注：1. 除判断沉淀物多少外，均应在取样后立刻检验；

2. 检查沉淀物时，试样应静置数小时；

3. 观察颜色时，试样也应静置数小时。

在溴化锂制吸收式冷水机组的运行中，为了提高机组的性能，在溶液中一般都要加入一种能量增强剂——辛醇。辛醇的添加量一般为溶液量的 0.1%～0.3%。辛醇的加入方法与加入氢溴酸的方法相同。机组在运行过程中，由于一部分辛醇会漂浮在冷剂水的表面或在真空泵排气时，随同机组内的不凝性气体被一同排出机外，使机组内辛醇循环减少。鉴别辛醇是否需要补充的简单办法是：在机组的正常运行中，可在低负荷运行时，将冷剂水旁通至吸收器中，当发现抽出的气体中辛辣味较淡时，可作适当的补充。

（5）运转不稳定的调试

机组要达到一个稳定运行工况，必须要有相应的溶液循环量给予保证。但在机组刚启动尚未形成适量溶液循环量时，机组运转不会稳定，就会出现溶液循环量过大或过小的现象。若溶液循环量小时，机组会逐步地形成稳定的运转，此时制冷量较小。若溶液循环量大时，机组运转就难以稳定，出现制冷量偏小，工作蒸汽量却偏大，吸收器的热负荷过大，从视液镜可观察到吸收器液位越来越低，而蒸发器的冷剂水的液位越来越高，同时吸收器中溶液浓度越来越高，颜色逐渐变为深黄色，甚至会出现结晶等现象。调试时，应首先迅速开启蒸发器泵出口的稀释阀，使冷剂水从蒸发器旁通至吸收器中，以稀释溶液，避免吸收器溶液出现结晶。再减少送至发生器的溶液量，使机组逐步地达到运行稳定的状态。

（6）运转中不凝性气体的抽除

判断不凝性气体是否存在，是在机组正常运转的状态下，先记录冷媒水温度，启动真空泵运转 1～2min 后，打开抽气阀，开启通往冷剂分离器的喷淋溶液阀进行排气。真空泵运行约 15min，在外界参数不变的情况下，若冷媒水出水温度下降，制冷量增加，则说明系统内有不凝性气体。若真空泵停止运转后，冷媒水出水温度上升，说明机组有泄漏，出水温度上升越快，泄漏量也越大。因此需要对机组重新进行气密性试验。

（7）工况测试

工况测试是测定制冷机组的工作情况，看是否符合设备技术文件的规定。工况的测试主要内容有：吸收器和冷凝器进、出水温度和流量；冷冻水出水温度和流量；蒸汽进口压力、流量和温度；冷剂水密度；冷剂系统各点温度；发生器进出口稀溶液、浓溶液以及吸收器的浓度；系统的真空度；各种安全保护继电器及仪表的指示等。在试运行方案中应事先列好各项检查的时间和程序。

3. 制冷系统停止运转的顺序

（1）关闭蒸汽调节阀，停止供汽。

（2）停汽后，冷却水泵、冷冻水泵和吸收器泵、发生器泵、蒸发器泵继续运转，待发生器的浓溶液和吸收器的稀溶液充分混合，浓度趋于均衡后再停泵。

（3）停止运转后，应及时观察并记录各液位高度和真空度。

如系统停止运转的时间较长，机组的环境温度低于15℃时，应将蒸发器中的冷剂水通过稀释管放到吸收器中，使溶液得到稀释，避免出现结晶现象。

4.7 地源热泵机组的试运行与调试

4.7.1 机组调试前的准备工作

在机组调试前，必须进行相应的检查。

1. 检查机组的电源以及电源接线的情况

电源电压应符合要求，机组电源的电源相序应符合要求，电源接线应牢固。

2. 检查机组外观情况

机组的外观情况应完好，查看机组有无油迹，机组有无明显损伤。

3. 检查机组的螺栓的紧固情况、润滑情况以及减振情况。

4. 检查机组水源侧或地源侧、空调侧水系统中阀门启闭状态，水质清洁是否符合要求。

5. 检查机组的电机、风机等配套设备的运转是否正常。

6. 检查水系统制冷、制热切换阀门开启位置是否正确。

7. 检查电气系统的绝缘电阻值是否符合要求。

8. 检查机组压缩机冷冻机油的油质和油位情况。

9. 检查系统中的各类传感器、压力表、温度表等是否准确。

4.7.2 水压试验

要保证地源热泵的安全、节能运行，必须做好地源热泵的水压试验。地源热泵的水压试压按先后顺序可以分为四次。

1. 水压试压的压力

当工作压力小于等于1.0MPa时，应为工作压力的1.5倍，且不应小于0.6MPa；当工作压力大于1.0MPa时，应为工作压力加0.5MPa。

2. 水压试验的要求

（1）第一次水压试压

1）水压试验的时间

竖直地埋管换热器插入钻孔前；水平地埋管换热器放入沟槽前。

2）水压试验步骤

①向系统缓慢注水，同时将系统内空气排尽。

②将管道充满水后，同时对管道进行密封检查。

③对管道开始缓慢升压，升压时间不应小于10min。

④升压至试验压力后，停止加压，稳压15min，压力降不应大于3%，且无泄露现象。

⑤竖直地埋管换热器水压合格后将其密封后，在有压状态下插入钻孔，完成灌浆之后继续保压1h。

（2）第二次水压试验

1）水压试验的时间

竖直或水平地埋管换热器与环路集管装配完成后。

2）水压试验步骤

①向系统缓慢注水，同时将系统内空气排尽。

②系统充满水后，应进行水密封检查。

③对系统开始缓慢升压，升压时间不应小于10min。

④升压至规定的试验压力后，停止加压，稳定至少30min，稳压后压力降不应大于3%，且无泄漏现象。

注意：此时的试验压力应以垂直地埋管底部的压力为准。

（3）第三次水压试验

1）水压试验的时间

环路集管与机房分集水器连接完成后回填前。

2）水压试验步骤

①向系统缓慢注水，同时将系统内空气排尽。

②系统充满水后，应进行水密封检查。

③对系统开始缓慢升压，升压时间不应小于10min。

④升压至规定的试验压力后，停止加压，稳压至少2h，且无泄漏现象。

注意：此时的试验压力应以垂直埋管底部的压力为准。

（4）第四次水压试验

1）水压试验的时间

地埋管换热系统全部安装完毕，且冲洗、排气及回填完成后。

2）水压试验步骤

①向系统缓慢注水，同时将系统内空气排尽。

②系统充满水后，应进行水密封检查。

③对系统开始缓慢升压，升压时间不应小于10min。

④升压至规定的试验压力后，停止加压，稳压至少12h，稳压后压力降不应大于3%。

注意：此时的试验压力应以垂直埋管底部的压力为准。

（5）水压试压的注意事项

1) 不得以气压试验代替水压试验。

2) 水压试验最好采用手动泵，升压过程应缓慢。泄压时同样也应缓慢，不允许快速降压。

3) 升压过程中应随时观察与检查，不得有渗漏现象。

4) 当系统水压试验过程中发现渗漏或停压后压力降大于 3％时，应查清渗漏部位或分析渗漏原因，同时检查实验步骤是否规范、是否符合要求。查明原因后，将系统压力降至大气压，经处理隐患后，再重新试验。

4.7.3 管路冲洗

地源热泵埋地换热器换热管路系统的清洁程度是充分发挥每一孔地埋管与土壤的充分热交换，保证地源热泵系统成功可靠运行的关键环节之一。特别是小口径埋地管路的冲洗尤为重要。水压试压合格后，可以进行管路冲洗。管路的冲洗按以下步骤进行：

1. 冲洗管段的划分

根据管路系统的大小划分冲洗管段，将系统内所有阀门关闭，根据冲洗管段的划分及冲洗需要，逐个打开所需阀门。将所有设备与管道系统隔离，将地埋管与主干管隔离。

2. 管路充水

管道内充水从供水管开始。一般可以采用城市上水。

3. 地缘侧主干管的冲洗

由于地缘侧主干管的管径均比较大，用城市上水直接冲洗的流速达不到要求且水量消耗很大，建议地缘侧主干管的冲洗采用闭式再循环冲洗。

（1）闭式再循环冲洗的原理

1）闭式再循环冲洗的概念

闭式再循环冲洗，就是将贮水池或贮水箱及被冲洗的管路系统内注满水，隔离设备，使用冲洗水泵，使水在管内强制循环流动，利用水在管道内流动时所产生的动力和紊流、涡流、层流状态以及对杂质的浮力作用，迫使管道内残存物质在流体运动中悬浮、移动、滚动，从而使管道内残存物质随流体运动带出，达到冲洗质量要求。

2）粗洗循环冲洗

粗洗循环冲洗的操作步骤如下：

① 临时管道的安装

用临时管道将冲洗水泵入口与贮水池或贮水箱相连，水泵出口与被冲洗管路系统的供水管道相连。

② 安装除污器

将除污器按流向安装在水泵的吸入口。

③ 粗洗冲洗

启动冲洗水泵，进行 8～10h 的脏水循环冲洗，迫使管内沉积的砂、砾石等杂质沿水流方向移动而最终沉积到除污器中，使轻质悬浮杂质沿管道排水口排入水池中，经过滤清除掉。

3）清水循环冲洗

粗洗冲洗后，可进行清水循环冲洗，操作步骤如下：

① 停止冲洗水泵，打开排水阀迅速排出粗洗循环冲洗的脏水，不能在泵停止水静止

后排，待管道内最低点水全部排净后关闭排水阀。

② 向被冲洗的管路系统的供水管内充注清水，直到管内全部充满。

③ 开启冲洗水泵，进行 8～10h 的清水循环冲洗，然后迅速排掉管道内的浑水。清水循环使得管道内的细砂及氧化皮等杂质沿水流方向移动而最终沉积到除污器中。若循环不理想，可以延长循环时间。

4）检查和恢复系统

干管冲洗合格后，排净系统中的水，拆除系统的临时管路及除污器，将除污器内沉积物及杂质清除干净。将被冲洗管道恢复到设计状态，同时关闭各个出入口处阀门，注意做好管道防锈蚀工作。

5）地缘侧主干管冲洗的注意事项

① 地缘侧主干管的冲洗时，将地埋管隔离，防止细小颗粒进入地埋管。

② 冲洗的循环时间应根据水内含杂质的情况而延长或缩短。

③ 粗洗循环冲洗的时间可尽量长些，使杂质有足够的时间移动沉积在除污器内。

④ 冲洗的顺序先远后近。

4. 地埋管的冲洗

（1）将地埋管按照分支进行分组，关闭暂不冲洗的其他分支的供回水阀。

（2）开启地埋管集水器泄水阀和供水阀。

（3）开启地源热泵侧膨胀水箱补水管。

（4）在冲洗水泵前设置过滤器，开启冲洗水泵，利用高速水流冲洗地埋管，将细小颗粒的杂质带到集水器，通过泄水流出。冲洗时间大约 15min 即可，以目测水干净无颜色为准。

依照上述方法，依次冲洗其他分支回路。

4.7.4 地源热泵的调试与试运行

1. 水力平衡调试

水力平衡调试的主要目的是确定系统循环总流量、各分支流量及各末端设备的流量达到设计要求，水平平衡的方法有比例法和补偿法两大类，下面介绍补偿法。

（1）绘制地源热泵地源侧水系统的系统图，如图 4-11 所示，对管道和阀门进行编号，根据编号准备调节用的记录表格。

（2）准备调节用的专用压差流量计或超声波流量计，并对流量计进行标定。

（3）选择最远端的平衡阀组 V1、V1.1、V1.2 和 V1.3，并将这 4 个平衡阀开至50%，其余阀组可以关闭或部分打开。

（4）调节平衡阀 V1.3 至设计流量。

（5）调节平衡阀 V1.2 至设计流量，在此过程中调节平衡阀 V1，使 V1.3 的流量不变，同理调节平衡阀 V1.1 至设计流量。

（6）同理将平衡阀组 2～5 的平衡阀调节至设计流量。

（7）选择平衡阀组 I 中的最远平衡阀 V1。

（8）调节平衡阀 Vl 至设计流量。

（9）调节平衡阀 V2 至设计流量，在此过程中调节平衡阀 V0 使 V1 的流量不变。同理调节平衡阀 V2～V5 至设计流量。

（10）各环路流量应平衡，各并联管道的流量偏差应≤10％，且应满足设计要求。

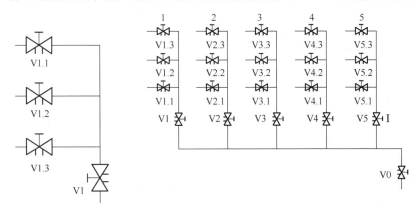

图 4-11　地源侧水系统的系统图（局部）

2. 地源热泵机组的调试与试运行

冷却塔、水泵等的调试参见单元 6 第 2 节所述。以下主要讲解地源热泵机组的调试与试运行。

（1）先启动冷却水和冷冻水系统，使冷却水和冷冻水系统运行正常。

（2）启动热泵机组，只有在冷却水和冷冻水系统运行正常后才能启动热泵机组。

（3）机组的检查和调试

1）检查机组运行时的电流值和电压值及其变化，测量记录各种电机运行电流，三相平衡情况。

2）观察机组膨胀阀的振动情况，若发现振动过大，应将缠在一起的毛细管解开，避免相互摩擦。

3）检查压缩机排气温度是否符合要求。在机组运行状态稳定时，测量回气过热度，确定过热度以机箱内压力为准，必要时调整过热度，严禁压缩机回气端有结霜或结露现象。

4）检查压缩机油位和油起泡程度。在运行稳定时检查油位，保持视油镜 1/3 位置以上，不能有大量泡沫为宜。

5）观察机组的供液量是否充足，观察系统中含水量指示以蓝绿色为宜。

6）测量机组高低压是否符合设备技术文件的规定，测量冷冻水进出水温是否符合要求。

7）检查机组有无异常声响和振动，并检查各轴承处的温升。

8）自动控制系统的调试

① 计算机和控制器之间通信调试。

② 检查自动控制系统的控制情况，各设备的启动和停止顺序是否正确，各设备启动停止延时是否满足要求，设备能否按照预定的方式自动切换。不满足要求的进行调整。

③ 自动控制系统的联合校验，检测各个控制元件能否根据控制器设定参数，实行自动调节，并用仪器检测每个空调区域参数是否满足设计要求。

（4）地源热泵系统调试应分冬、夏两季进行，并通过运行测试对地源热泵系统的实际性能进行评价。循环水流量及供水、回水温度和温差应符合设计要求。

4.8　模块式制冷机组的调试与试运行

4.8.1　机组调试前的准备工作

1. 检查配电系统

（1）检查电源的供电电压是否符合要求。

（2）检查所有接线端子是否紧固。

（3）检查接地是否可靠。

2. 检查系统管路

（1）检查系统管路是否清洁。

（2）检查系统中阀门的开启关闭情况。

（3）检查膨胀水箱、补水装置是否灵敏；排净水管内的空气，在确认管路注满水后才能开启水泵，要绝对避免在缺水状态下运转。

（4）检查水系统过滤器无堵塞现象。

（5）管路的绝热保温是否已经完善，有无破损。

3. 检查机组

（1）检查每台机组各主管是否至少已排空一次。

（2）检查机组外观情况，是否在运输和搬运过程中有损坏。

（3）检查控制器的设定是否正确，设定制冷、制热模式、手动调节和自动调节模式、水泵模式等基本设定是否正确。

4.8.2　模块式冷水机组的调试与试运行

1. 接通电源，检查相序保护是否正常，对压缩机进行 12h 以上的通电预加热。如不进行足够的预加热，可能造成压缩机损坏（预热的时间视环境温度而定，冬季气温低则预热时间较长，夏季气温高则预热时间较短）。

2. 启动主控制器（主机延时 3min 后自行启动），水泵先启动，确认水泵运行正常后，检测压缩机运转电流是否正常，风扇转向是否正确，有无异常声音。

3. 检查各模块单元的冷热转换是否正常，观察压力表，看其压力值是否正常。

4. 试运行 30min，当进、出水温度稳定后，调整水流量，保证机组正常运行。按设备技术文件中的性能参数要求检查机组是否达到。

5. 试运转后应清洗水过滤器，并将所有电气接线端子重新紧固一次，即可投入正常使用。

4.8.3　模块式冷水机组调试与试运行注意事项

1. 水系统未充分排空前，不得开启机组。

2. 试运行过程中机组停机后间隔不到 10min，不得再次手动开机。

3. 试运行之前，必须对机组进行 12h 以上的通电预加热，若机组长时间停止运行而需要切断电源，切记在重新启动开机前对压缩机进行 12h 以上通电预加热。

单　元　小　结

本单元介绍了空调水系统、活塞式制冷机组、螺杆式制冷机组、离心式制冷机组、溴化锂吸收式制冷机组、地源热泵制冷机组和模块式制冷机组的调试与试运行。详细介绍了制冷系统的气密性试验的合格判据，从理论上奠定了"修正温度影响后，无压力下降为合格"的合格判据，对气密性试验具有实际指导意义。

通过本单元的学习，可以较全面地理解空调水系统、活塞式制冷机组、螺杆式制冷机组、离心式制冷机组、溴化锂吸收式制冷机组、地源热泵制冷机组和模块式制冷机组的调试与试运行的基本知识，具备空调水系统及制冷系统试运行与调试的技能。

思 考 题 与 习 题

1. 冷却水系统需要试运行的设备有哪些？如何进行正确的试运行操作？

2. 简述冷却水和冷冻水系统试运行的程序。

3. 活塞式制冷机组启动前应作哪些准备工作？

4. 活塞式制冷机组开、停机操作程序有哪些内容？如何向活塞式制冷机组充注制冷剂？

5. 螺杆式制冷机组启动前应作哪些准备工作？

6. 螺杆式制冷机组开、停机操作程序有哪些内容？如何向螺杆式制冷机组充注润滑油？

7. 离心式制冷机组启动前应作哪些准备工作？

8. 离心式制冷机组开、停机操作程序有哪些内容？

9. 如何向离心式制冷机组充注制冷剂？

10. 溴化锂吸收式制冷机组启动前应作哪些准备工作？如何进行溴化锂溶液的充注？

11. 制冷系统抽真空检查不合格，应如何找出泄漏处？

12. 按操作顺序，试编写活塞式制冷压缩机试运行的主要工序。

13. 设系统内充注 R134a 和氮气，$\varepsilon_R = 0.30$，$\varepsilon_N = 0.7$。20℃时，μ_R、μ_N 分别为 $1.200 \times 10^{-5} \text{Pa} \cdot \text{s}$ 和 $1.761 \times 10^{-5} \text{Pa} \cdot \text{s}$。如果用卤素检漏仪检漏，检漏仪灵敏度为年泄漏量 14g/a，检查时因发现泄露而报警，试分析此时漏孔的 R134a 的年泄漏量至少为多少？

教学单元5 空调系统试运行与调试

【**教学目标**】通过本单元教学，使学生理解大、中型空调风系统试运行基本程序，理解空调设备单机试运行、空调系统无负荷联合试运行有关检测、调试的主要工艺方法，了解净化空调系统试运行的主要内容与基本要求。

5.1 空调风系统设备单机试运行与调试

普通集中式和半集中式舒适性空调风系统的运转设备不多，主要有各种结构形式的风机和转轮式热湿交换设备。而不同用途的净化空调系统，在设备组成和工艺布置上相差甚远，这里对净化空调系统仅介绍几种典型设备的试运行与检测方法。

每一项单机试运行与调试都应根据有关规范和设备技术文件的要求来确定检测项目和测定参数，并准备"试运行记录"表，试运行调试后应形成完整的记录。

5.1.1 通风机试运行

空调系统中所有风机都必须先试运行检查，大型通风机应单独试运行，设备内的风机要根据设备结构和工作特点，按设备技术文件的要求试运行。

1. 通风机试运行前的准备工作

（1）通风机试运行之前应再次核对通风机和电动机的规格、型号，检查在基座上的安装和与风管连接的质量，并检查安装过程中的检验记录。存在的问题应全部解决，润滑良好，具备试运行条件。同时电工也应对电动机动力配线系统及绝缘和接地电阻进行检查和测试。

（2）通风机传动装置的外露部位，以及直通大气的进、出口，必须装设防护罩（网）或安装其他安全设施。检测空调机功能段内的风机需要打开面板，或人要直接进入功能段内才能操作，应注意保护段体设备和做好人员安全保护工作。

（3）风管系统的新、回风口调节阀，干、支管风量调节阀全部开启；风管防火阀位于开启位置；三通调节阀处于中间位置；热交换器前的调节阀开到最大位置，让风系统阻力处于最小状态。风机启动阀或总管风量调节阀关闭，让风机在风量等于零的状态下启动。轴流风机应开阀启动。

2. 通风机试运行与检测

（1）用手转动风机，检查叶轮和机壳是否有摩擦和异物卡塞，转动是否正常。如果转动感到异常和吃力，则可能是联轴器不对中或轴承出现故障。对于皮带传动，皮带松紧应适度，新装三角皮带用手按中间位置，有一定力度回弹为好。试运行测出风机和电机的转速后，可以检查皮带传动系数。

$$K_p = \frac{n_d}{n_f} \frac{D_d}{D_f} \tag{5-1}$$

式中 K_p——皮带传动系数，不宜大于 1.05；

n_d——电机转数，r/min；

n_f——风机转数，r/min；

D_d——电机皮带轮槽直径，mm；

D_f——风机皮带轮槽直径，mm。

（2）点动风机，启动时用钳形电流表测量电动机的启动电流，应符合要求。达到额定转速后立即停止运行，观察风机转向，如不对应改变接线。利用风机滑转观察风机振动和声响。风机停转后检查所有连接紧固部位应无松动。风机点动滑转无异常后可以进行试运行。

（3）运行风机，启动后缓慢打开启动阀或总管风量调节阀，同时测量电动机的工作电流，防止超过额定值，超过时可减小阀门开度。电动机的电压和电流各相之间应平衡。

（4）风机正常运行中用转速表测定转速，转速应与设计和设备技术文件一致，以保证风机的风压和风量满足设计要求。

（5）用温度计测量轴承处外壳温度，不应超过设备技术文件的规定。如无具体规定时，一般滑动轴承温升不超过 35℃，温度不超过 70℃；滚动轴承温升不超过 40℃，最高温度不超过 80℃。运行中应监控温度变化，但结果以风机正常运行 2h 以后的测定值为准。

对大型风机，建议先试电机，电机运转正常后再联动试机组。风机试运行时间不应少于 2h。如果运转正常，风机试运行可以结束。试运行后应填写"风机试运行记录"，内容包括：风机的启动电流和工作电流、轴承温度、转速，以及试运行中的异常情况和处理结果。风机运转中测量有危险时，应停转后再进行测量。

3. 通风机性能测试

是否测试通风机性能可根据实际情况决定。测试的目的是检查在额定电流范围内，风机能达到的最大风量、相应风压和轴功率。要求风量、风压满足工作要求又略有调节裕度。如果电流在额定范围内而风量未达到设计风量，风系统阻力又无法减小时，说明风管系统阻力计算值小于实际值；如果电流达到额定值而风量还未达到设计风量，说明风机选择偏小，出现以上情况应与建设和设计单位协商解决。完成以上参数测试，可以在后续的调试中做到心中有数。通风机性能测试可以在通风机试运行过程中进行，也可以与风系统调试一道进行。

（1）风机风压的测定

风机风压通常指全压，应分别测出进风口和出风口全压值。由于全压等于静压与动压之和，因此可根据实际情况直接测全压或分别测静压和动压。风机的全压是风机出风口处测得的全压与进风口处测得的全压的绝对值之和，即：

$$P_q = |P_{qy}| + |P_{qx}| \tag{5-2}$$

式中 P_q——风机的全压，Pa；

P_{qy}——风机出风口处的全压，Pa；

P_{qx}——风机进风口处的全压，Pa。

风机风压测量位置应选在靠近风机进出口气流比较稳定的直管段上。如果风管设计已留好测孔位置，就直接用毕托管和倾斜微压计在预留测孔测量。如果风压较大，可以用 U

形管压力计代替倾斜微压计。如测量截面离风机进出口较远，应分别对测得的全压值补偿从测量截面至风机进出口处风管的理论压力损失。对于安装在空调机组功能段箱体内的风机，可在箱体内直接用热球风速仪测进口平均风速，换算成动压；再用压力计测箱体内静压，将静压（负值）与动压相加后的绝对值即为风机进风口的全压绝对值。测量仪器的使用、测量布点和数据处理见本单元第 2 节相关部分。

（2）风机风量的测量

风机风量测量与风机的风压测量同时进行，可在进风口和出风口风管上测量。用毕托管和微压计多点测量动压，计算测量截面平均动压 P_{dp}，风机进、出口风管内的平均风速和风量分别按式（5-3）和（5-4）计算。

$$v_p = \sqrt{\frac{2P_{dp}}{\rho}} \tag{5-3}$$

$$L = 3600Fv_p \tag{5-4}$$

式中　P_{dp}——风管内平均动压，Pa；

　　　v_p——风管内平均风速，m/s；

　　　ρ——风管内空气密度，kg/m³；

　　　F——风管截面积，m²；

　　　L——风量，m³/h。

用热球风速仪测量风口平均风速后可以直接计算风口风量。风机风量应取进、出口端测得风量的平均值。如果测量的进、出口端风量相差超过 5% 以上时，应分析原因，重新测量。

（3）风机功率和效率测定

用电流表、电压表先测出电流和电压值，风机的轴功率按式（5-5）计算。也可用功率表直接测量电机有功功率后计算获得风机轴功率。

$$N = \frac{\sqrt{3}VI\cos\phi}{1000}\eta_d\eta_c \tag{5-5}$$

式中　N——风机的轴功率，kW；

　　　V——实测的线电压，V；

　　　I——实测的线电流，A；

　　$\cos\phi$——电机的功率因数，0.8～0.85；

　　　η_d——电机效率，0.8～0.9；

　　　η_c——传动效率，由传动方式决定。

根据测定的风机风量和风压（全压），由式（5-6）可计算风机有效功率。风机效率由式（5-7）计算。若风机增加性能测试内容，记录表应增加相应栏目。

$$N_e = \frac{LP_q}{3.6 \times 10^6} \tag{5-6}$$

式中　N_e——风机的有效功率，kW；

　　　L——风机风量，m³/h；

　　　P_q——实测风机全压，Pa。

$$\eta = \frac{N_e}{N} \tag{5-7}$$

5.1.2　风机盘管与新风机组试运行

1. 风机盘管试运行

风机盘管机组简称风机盘管，是半集中式空调系统最常用的末端装置。风机盘管运行调节主要有风量调节和水量调节两种方式。风量调节通过改变风机的转速来实现，有三速手动调节和无极自动调节等方法。

手动调节的风机转速一般设置为高、中、低三档，由使用者根据自己的感受来选择送风挡位，这种方法对室内冷热负荷变化的适应性较差。无极自动调节是由温控器配置的温度传感器适时检测室内温度，通过与预设室温的比较，根据温差大小和偏差方向来自动调节风机的输入电压，从而对风机转速进行无极调节。

风机盘管水量调节有连续调节和通断调节两种方法。连续调节采用二通或三通电动调节阀，由温控器根据检测室内温差大小和偏差方向改变阀门开度大小，调节进入盘管的水量来实现对室温的控制。通断调节在水管路上安装二通电磁阀或开关型电动阀，根据检测室温是否达到设定的温度值来控制水路的通断，这是目前采用较多的一种水量调节方式。图 5-1 是安装在风机盘管回水管上的电动二通阀。

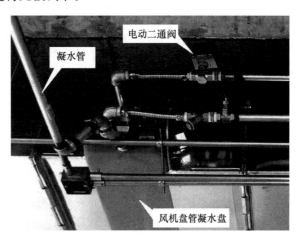

图 5-1　VA7010 电动二通阀

风机盘管安装前应对盘管进行水压试验；安装时控制凝水盘坡向并做排水试验，保证凝结水能顺畅流向凝水排出管。盘管与水系统管道连接多用金属或非金属柔性短管，水系统管道必须清洗排污后才能与盘管接通。在完成设备、管道和电气与控制系统安装后，风机盘管不供冷、热媒的第一次试运行主要检查风机的运行情况。

（1）试运行前应完成包括固定、连接和电路在内的全部静态检查，并符合设计和安装的技术要求。用 500V 绝缘电阻仪和接地电阻仪测量，带电部分与非带电部分的绝缘电阻和对地绝缘电阻，以及接地电阻均应符合设备技术文件的规定。无规定时，绝缘电阻不得小于 $2M\Omega$；外露金属部分与接地端之间的电阻值应不大于 0.1Ω。

（2）依照手动、点动、连续运转步骤试运行。要求风机与电机运行平稳，方向正确。风机采用手动三挡变速时，应在所有风机转速挡上各启动 3 次，每次启动应在电动机停止转动后再进行，在所有风机转速档上要求均能正常运转。在高速挡运转应不少于 10min，然后停机检查零、部件之间有无松动。

（3）对采用无刷直流电机，实行高中低三档调速及无级调速多模式控制的风机盘管，应根据设备技术文件要求切换至手动高中低三档定风量试运行。由于无刷直流电机采用电子换向器，并根据温控器信号，通过 PWM（脉冲宽度调制）技术实现电机调速，因此属于电机及控制系统的故障应由厂家专业人员检修。

（4）高静压大型风机盘管要将处理后的空气由风管送到几个风口，试运行合格后应对风口风量进行调整，使其达到设计要求。当风机盘管换挡运行时，各风口风量同时改变，但调定比例不会改变。

由于采用低噪声电机，风机和机体安装也采用了减振措施，运行时噪声应该很低，振动很小。如果发现明显异常噪声和振动，应该立即停机分析查明原因，是转动件的摩擦、轴承噪声、部件松动、还是减振装置出现问题，要针对具体情况排除故障。对于悬吊安装方式，吊杆应安装减振器。一些小型风机盘管采用膨胀螺栓固定吊杆座，运行时机体晃动会使螺栓慢慢被摇松，是非常有害的。如果查明噪声和振动属于制造质量问题，应会同建设单位和厂家协商解决。有环境噪声要求的场所，应按照单元1第6节和本单元第4节的方法进行测定。室内的噪声应符合设计的规定。

2. 新风机组试运行

新风机组在空气－水空调系统中作为新风处理设备与风机盘管配合使用，或用于净化空调系统新风预处理。卧式机组风机试运行在安装后进行，要求与通风机试运行相同。吊顶式新风机组在结构上与风机盘管相似，应在地面先完成盘管清洗和试压工作。有的施工单位在地面做简易试验台，同时让机组在地面进行风机试运行，这是可行的，但要注意这时机组未与风管相连，阻力很小，运行时要控制风阀开度，或将风口遮断，防止烧坏电机。吊挂安装后，再次运行还应观察机组转向和振动情况，合格后可以进行风口风量调节工作。

净化空调系统新风机组带有粗效和中效过滤器，出厂前经过清洁擦拭并严密包装运到现场。在机组和系统安装中的停顿时和完备后，通向大气的孔口都要及时封闭，试运行也要注意这一点，同时在新风的吸入口处应设置临时用过滤器（如无纺布等）。机组试运行含有对系统的清吹作用，如果新风管较长，建议新风与回风系统先分开，吹出口临时通向大气。

5.1.3 转轮式热湿交换设备试运行

转轮除湿机和转轮热交换器是空调风系统中具有大减速比的转动设备。图5-2是转轮除湿机工作过程示意图。这类设备一般由带减速器的电机通过传动链（带）驱动转轮缓慢转动，传动装置试运行具有相似的工艺过程，试运行前应仔细阅读设备技术文件，理解试运行程序和规定。传动装置试运行主要有以下要求。

（1）转轮式换热器和除湿机试运转之前应先脱开传动装置，手动检查转轮，应转动灵活，与外壳、分隔板、清洗扇无摩擦、卡塞等现象。

（2）电机试运转10～15min，应无异常现象，转向应符合设备技术文件规定。对于转轮式换热器，在清洗扇一侧，应使转轮由回、排风区转向新、送风区，如图5-3所示。

（3）电机试运转无异常后将传动装置复位。手动检查合格后，第一次试运转时间3～5min，电机工作电流应正常，传动机构工作平稳，无异常振动和声响。

（4）第一次试运转后应停机检查传动装置和连接及紧固部位，无异常后连续运转1～2h，电机的运行功率及轴承温度均应符合设备技术文件的规定。

（5）转轮式换热器转轮驱动电机与排风风机有连锁装置时，应试验连锁装置。根据使用回风情况，按照设计和设备技术文件要求调定新、排风比例。转轮式换热器新风侧压力应略大于排风侧。

对PLC编程控制的机组，单机试运行及系统无负荷联动运行调试和参数设定，应在制造商的专业技术人员指导下进行。

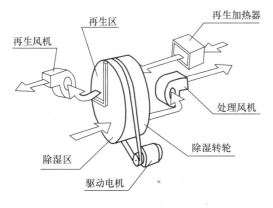

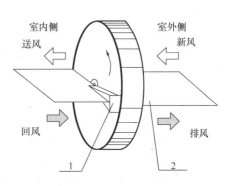

图 5-2 转轮除湿机工作过程示意图　　　　图 5-3 转轮式换热器转轮转向示意图
　　　　　　　　　　　　　　　　　　　　　　　1—清洗扇；2—分隔板

5.1.4 空气净化设备试运行与检测

1. 空气吹淋室试运行

吹淋室是空气洁净设备，设置在洁净室人员入口处，利用高速洁净气流对进入洁净室的人员吹淋，除去身上的灰尘，同时也起到气闸室的作用。空气吹淋室有室式和通道式两种类型，图 5-4 可见吹淋通道内部喷嘴和回风口，图 5-5 是喷淋室内部部件示意图。

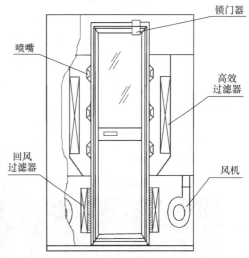

图 5-4 吹淋通道　　　　　　　　　　　图 5-5 吹淋室内部部件示意图

当洁净室的安装与检测工作要求人员穿洁净工作服进入室内时，应及时进行空气吹淋室试运行（一般应在安装高效过滤器时），保证人员能在空气吹淋室对工作服吹淋除尘。空气吹淋室试运行前，进风口应加装临时过滤装置。空气吹淋室与洁净室要同时进行清扫和擦拭，清扫可采用配有超净滤袋的吸尘器。人员在清洁后的吹淋室内检测调试也应按洁净室工作规程换穿洁净工作服。吹淋室试运行调试内容有：

（1）吹淋室试运行调试前应检查与围护的连接和密封，并对吸入风口过滤器设置临时过滤装置加以保护。检查电气系统绝缘和接地应符合要求。电源输入端与金属外壳或外露的导电部分之间的绝缘电阻不应小于 2.0MΩ；可接触金属表面与电源插头"地"插销间的电阻值不应大于 0.1Ω。

（2）检查两门的电气或机械互锁装置。在吹淋室处于通电而未吹淋时，一门打开，另一门不能打开，使洁净室与外面不能直接接通。风机与电加热器应联锁，风机不启动，电加热器不能通电。

（3）运行风机，启动和工作电流、噪声、振动应符合设备技术文件的规定。安装时吹淋室底部与地面之间垫有减振垫，能够起到良好的减振作用，而振动则会破坏吹淋室与洁净室的密封连接。必要时做微振检测。

（4）空气吹淋室在吹淋过程中，两门均不能打开。进入洁净室必须经过吹淋，由洁净室出来则不吹淋。洁净室吹淋停止后，门应在规定的延迟时间后才能打开。

（5）检查和调整喷嘴型或条缝型喷口的方位、扫描范围和风速，应符合产品技术文件的规定。风速测量为最后工序，测量时可拆去临时过滤装置，但测量人员应穿洁净工作服操作。测量用热球风速仪。

（6）吹淋时间能够按产品技术文件的设定说明进行调整。

试运行调试之后应再次检查吹淋室与围护的连接和密封。

2. 风机过滤单元试运行

FFU（风机过滤单元）是一种自带风机并装有高效过滤器的模块化末端送风装置。FFU 阵列多采用集散型控制方式，图 5-6（a）是满布在垂直单向流洁净室顶棚上的 FFU 阵列，图 5-6（b）是 FFU 模块单元。在分区控制中，控制系统包括中央控制器、中继分机和 FFU 控制模块。中央控制器可连接十数个中继分机，一个中继分机控制一个 FFU 分区（可达数十个 FFU 模块）。每个 FFU 由自己的控制模块实现速度调控和状态检测。中继分机是中央控制器与 FFU 之间的中继站，负责对采集到的（FFU）现场数据进行分析和处理，并上传至中央控制器；接收由中央控制器发出的控制信号下传至各个 FFU 单元控制模块。也有直接由中央控制器控制数百个 FFU 的模式。中央控制器显示器监控界面采用工程拓扑图面，与实际 FFU 位置分布一一对应，可远距离对每 1 台或分区 FFU 进行远程启停和转速调节，以及对运行状态的监控和故障报警。

为满足无极调速和空气净化需要，FFU 单元采用无刷直流电动机。FFU 的风机在出

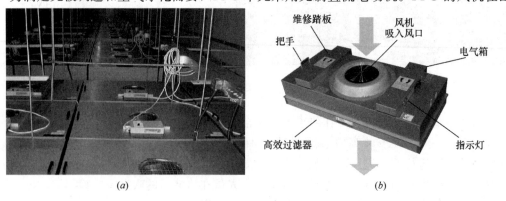

（a）　　　　　　　　　　　　　　　　（b）

图 5-6　FFU 阵列

（a）垂直单向流洁净室顶棚上的 FFU 阵列；（b）FFU 模块单元

厂前均经过逐台性能测试，高效过滤器也进行了检漏试验。安装后的试运行应由控制系统设计单位及供应商的电气技术人员负责，施工单位空调技术人员配合。为减轻高效过滤器的负荷，试运行调试宜安排与洁净室风量测定调试同时进行。试运行应按照设备技术文件和系统设计要求进行操作，空调技术人员在以下工作中予以配合。

（1）依据净化空调系统试运行方案的程序，空调系统做好风量调试和高效过滤器检漏的准备工作。除去FFU机体上方空气吸入口及下方风口的保护膜，由电气人员按照系统设计的程序进行主机通电检查和设置模式（分区数、最大单元数、最大风速、最大过载电流等）。

（2）电气技术人员按照系统控制程序启动各分区FFU模块单元。开机状态下中央控制器显示检测的FFU单元风机的工作电流。若某一台FFU单元出现故障报警，电流显示为"00"。可按显示故障编号查找对应FFU单元进行检查。根据FFU单元自身的信号灯判别是通信故障还是过载等原因被切断单元电源。

（3）全部FFU单元运行正常后，由空调检测人员在洁净室内进行送风量和工作区风速不均匀度测定。气流速度过低或过高，则通知电气技术人员在主控室调高或降低FFU的转速。同时在中央控制显示器上监控FFU的工作电流，防止过载。如果风速不均匀度偏差过大或出现非层流区，则由空调检测人员指挥调节局部或分区的FFU单元，使气流组织满足单向流要求。

为适应工况的变化，中央空调的许多设备和阀件都需要通过控制系统设定、调节和监控，而首次试运行是系统实现由静到动的关键环节，因此空调与电气技术人员应对试运行及检测调试的方案、程序、项目、方法进行详细的研讨，实施过程中密切配合，才能高质量完成试运行调试工作。

3. 高效过滤器检漏

高效过滤器出厂前经过检漏并严密包装，安装前查验检测记录，如果安装前需抽检，应安装试验系统，做好过滤器的洁净保护，并让过滤器在接近设计风量的条件下进行检漏，测试方法与安装后检漏相同。

高效过滤器安装后检漏在系统试运行过程中进行，主要检查出厂后和安装过程中产生的泄漏，例如过滤器滤材中的小针孔和其他损坏，框架连接部位等处的漏缝等。系统试运行前也应在进风口处设置临时过滤器，减轻系统过滤器的负担。对洁净室高效过滤器的现场扫描检漏应符合现行国家标准《通风与空调工程施工质量验收规范》GB 50243和《洁净室施工及验收规范》GB 50591的规定。扫描法检漏常用气溶胶光度计（简称光度计）和光学粒子计数器，但优先选用粒子计数器法。

《通风与空调工程施工质量验收规范》GB 50243规定高效过滤器的检漏，应使用采样速率大于1L/min的光学粒子计数器。D类高效过滤器宜使用激光粒子计数器或凝结核计数器。采用粒子计数器检漏时，其上风侧应引入均匀浓度的大气尘或含其他气溶胶尘的空气。对$\geqslant 0.5\mu m$尘粒，浓度应$\geqslant 3.5\times 10^5$粒/m^3；或对$\geqslant 0.1\mu m$尘粒，浓度应$\geqslant 3.5\times 10^7$粒/m^3；若检测D类高效过滤器，对$\geqslant 0.1\mu m$尘粒，浓度应$\geqslant 3.5\times 10^9$粒/m^3。如果上风侧浓度达不到要求，则引入不经过滤的空气。

高效过滤器的检测采用扫描法，即在过滤器下风侧用粒子计数器的等动力采样头，放在距离被检部位表面20～30mm处，以5～20mm/s的速度，对过滤器的表面、边框和封头胶处进行移动扫描检查。在移动扫描检测过程中，应对计数突然增大的部位进行定点检验。发现渗漏部位时，可用过氯乙烯胶或硅胶等密封胶堵漏。当同一送风面上安装有多台过滤器时，在结构允许的情况下，宜用每次只暴露一台过滤器的方法进行测定。当几台或全部过滤器必须同时暴露在气溶胶中时，应使所有过滤器正前方上风侧气溶胶尘均匀混合。将受检高效过滤器下风侧测得的泄漏浓度换算成穿透率，高效过滤器不得大于出厂合格穿透率的 3 倍；D 类高效过滤器不得大于出厂合格穿透率的 2 倍。

《洁净室施工及验收规范》GB 50591 要求检漏时过滤器上游浓度和采样流率应符合表 5-1 的规定，如果上游浓度达不到表的规定，也可引入室外空气。

大气尘扫描检漏时的参数　　　　　　　　　　　　　　表 5-1

高效过滤器	采样流率（L/min）	过滤器上游浓度（粒/L）
普通高效过滤器（国标 A、B、C 类）	2.83 或 28.3	$0.5\mu m$：$\geqslant 4000$
超高效过滤器（国标 D、E、F 类）	28.3	$\geqslant 0.3\mu m$：$\geqslant 6000$

采样头管口宜为矩形，采样头体与采样管形成不大于 60° 的锥形连接，如图 5-7 所示。采样流率为 2.83L/min 时，采样口面积宜为 15mm×20mm，水平采样管长度不应超过 3m；采样流率为 28.3L/min 时，采样口面积宜为 25mm×40mm，水平采样管长度不应超过 1.5m。建议扫描移动速度：15mm/s（2.83L/min）或 20mm/s（28.3L/min），采样头管口长边应平行于扫描方向。当上游浓度较大时可提高扫描速度。扫描速度 V 可按下式（5-8）计算。

$$V = \frac{N_0 Q_0 B}{60} \tag{5-8}$$

式中　V——扫描速度，cm/s；

　　　N_0——必要的上游浓度，粒/L；

　　　Q_0——最小漏泄流量，对普通高效过滤器取 0.02L/min，对超高效过滤器取 0.0052L/min；

　　　B——采样器平行于扫描方向的边长，cm。

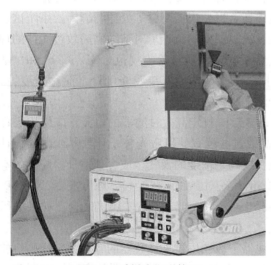

《洁净室施工及验收规范》GB 50591 对泄漏的判定是：若粒子计数器显示非零的特征读数（≥1），即应把采样口停在该点处测定 1min，如果读数≥3 粒，即判定为泄漏。该判据相比《通风与空调工程施工质量验收规范》GB 50243 稍有放宽。

由于高效过滤器检漏要求测试风速在设计风速的 80%～120% 范围，因此检漏应安排在净化空调系统风量调整之后进行。

常用的气溶胶物质有癸二酸二辛酯（DEHS/DOS）、邻苯二甲酸二辛酯（DOP）、矿物油、液状石蜡、聚苯乙烯乳

图 5-7　采样头矩形管口

胶球（PSL）、大气尘溶胶等，可以为液态或固态。癸二酸二辛酯和邻苯二甲酸二辛酯为低毒，遇明火、高热可燃；吸入对健康有危害。如果眼睛接触应用流动清水或生理盐水冲洗，误吸入应尽快脱离现场移至空气新鲜处并及时就医。

在高效过滤器上游引入气溶胶应使用专门的气溶胶发生器，并保证在检漏过程中能维持稳定的气溶胶发生速率及粒径分布。检漏试验时，对于测试气溶胶的粒径分布由建设方和检测方依照洁净室级别和相关规范协商确定。

5.2　空调风系统风量测定与调整

空调风系统风量测定与调整的目的是检查系统和各房间风量是否符合设计要求。内容包括测定送风量、新风量、回风量、排风量，以及房间压差和气流速度等。一般自然环境与空调环境温差不大，空气密度影响可以忽略不计，因此风系统风量测定与调整可以在不开启冷热湿处理设备的情况下独立进行。

5.2.1　风量调整原理

根据流体力学原理，风管系统内空气的阻力与风量之间存在如下关系：

$$\Delta P = KL^2 \tag{5-9}$$

式中　ΔP——风管系统的阻力，Pa；

　　　L——风管内风量，m^3/s；

　　　K——风管系统的阻力特性系数。

就某一段风管而言，它的 K 值是与空气的密度、风管直径、风管长度、摩擦阻力系数和局部阻力系数等有关的常数。

如图 5-8 所示有两根支管的风管系统，其阻力分别为：管段 1：$\Delta P_1 = K_1 L_1^2$；管段 2：$\Delta P_2 = K_2 L_2^2$。由于两根支管风量通过 C 点风阀调节，A 点的压力是一定的，因此两支管的阻力应相等，并满足 $P_A = K_1 L_1^2 = K_2 L_2^2$。由此可得：

$$\frac{L_1}{L_2} = \sqrt{\frac{K_2}{K_1}} \tag{5-10}$$

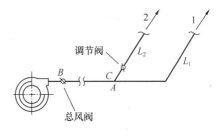

图 5-8　风量分配示意图

如果保持 2 号支管 C 处的调节阀不动，仅改变总调节阀 B，即改变总风量。此时两支管的风量随之改变为 L_1' 和 L_2'，但是比例关系仍保持不变，满足：

$$\frac{L_1'}{L_2'} = \frac{L_1}{L_2} = \sqrt{\frac{K_2}{K_1}} \tag{5-11}$$

只有调节 2 号支管 C 点的调节阀时，才能使两支管的风量比例发生变化。把 C 点处调节阀换成 A 点处的三通调节阀进行调节，原理是一样的。

5.2.2　风量测试方法

常用风量测试方法有毕托管和微压计在风管内测试法和用热球风速仪或叶轮风速仪在风口测试法。

1. 风管内风量测定

用毕托管和微压计在风管内测试，截面位置应选择在气流比较均匀稳定的直管段上。一般要求测量截面选在局部阻力部件之后 4～5 倍风管直径（或矩形风管长边尺寸）处和局部阻力部件之前 1.5～2 倍风管直径（或矩形风管长边尺寸）的直管段上。

在矩形风管内测量平均风速，应将风管截面划分为若干面积相等的小截面，并使各小截面接近正方形，其面积不大于 0.05m² （即每个小截面的边长为 220mm 左右）。测点即各小截面的中心点，如图 5-9（a）所示。

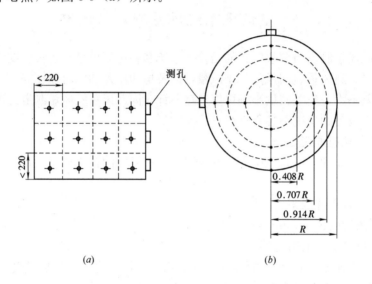

图 5-9　风管测点布置图

在圆形风管内测量平均风速时，应将风管截面划分为若干个面积相等的同心圆，测点应在互相垂直的两条直径上，如图 5-9（b）所示。划分的圆环数根据风管直径确定，见表 5-2。

圆形风管截面测量环数 m 划分表　　　　　　　　　　　　表 5-2

风管直径 D（mm）	<200	200～400	400～600	600～800	800～1000	>1000
m	3	4	5	6	8	10

各测点至风管中心的距离按下式计算：

$$R_n = R\sqrt{\frac{2n-1}{2m}} \tag{5-12}$$

式中　R——风管的半径，mm；

　　　R_n——从风管中心到第 n 环测点的距离，mm；

　　　n——从风管中心算起的圆环顺序；

　　　m——风管划分的圆环数。

实际测量时，为方便起见，可将计算的距离换算成测点至管壁的距离。先测出各小截面动压，然后用下式计算平均动压：

$$P_{\mathrm{dp}} = \left(\frac{\sqrt{P_{\mathrm{d1}}} + \sqrt{P_{\mathrm{d2}}} \cdots\cdots \sqrt{P_{\mathrm{d}n}}}{n}\right)^2 \qquad (5\text{-}13)$$

式中　　　　　P_{dp}——平均动压，Pa；

P_{d1}、P_{d2}……$P_{\mathrm{d}n}$——各测点的动压值，Pa；

n——测点数。

测定中如果动压值出现零和负值，负值做零处理，测点数 n 仍包括动压为零和负值在内的全部测点。各测点动压值相差不大时，可采用算术平均值。风管内平均风速和风量按公式（5-3）、（5-4）计算。

2. 风口风量测定

用热球风速仪或叶轮风速仪在风口测风量，同样应将风口划分为若干个面积相等的小区。用叶轮风速仪时可将风口划分为边长约等于 2 倍风速仪叶轮直径、面积相等的小区，逐个测小区中心风速，然后按算术平均值计算平均风速：

$$v_{\mathrm{p}} = \frac{v_1 + v_2 + \cdots\cdots + v_n}{n} \qquad (5\text{-}14)$$

式中　　　v_{p}——平均风速，m/s；

v_1、v_2……v_n——各测点风速，m/s；

n——测点数。

按下式计算风口风量：

$$L = Kv_{\mathrm{p}}\frac{(F_{\mathrm{w}} + f)}{2} \qquad (5\text{-}15)$$

式中　L——风口风量，$\mathrm{m^3/s}$；

F_{w}——风口轮廓面积，$\mathrm{m^2}$；

f——风口有效面积，$\mathrm{m^2}$；

K——修正系数，送风口取 $0.96\sim1.00$，回风口取 $1.00\sim1.08$。

另一种计算方法是：

$$L = 3600\,F_{\mathrm{w}}v_{\mathrm{p}}k \qquad (5\text{-}16)$$

式中 F_{w}、v_{p} 含义不变，k 是考虑格栅等影响引入的修正系数，取 $0.7\sim1.0$，但要由实验确定。

用热球风速仪测量时宜将风口划分为边长约等于 $150\sim200\mathrm{mm}$、面积相等、接近正方形的小区，将探头置于小区中心测量。但是热球风速仪会因电池电量不足等原因引起误差，测量中要给予重视。无论用热球风速仪还是叶轮风速仪，测点均不宜少于 5 个。测带有网格的风口或散流器风口时，可以加 $500\sim700\mathrm{mm}$ 的辅助风管。图 5-10 是一种简易连接法，辅助风管上端用厚帆布套将风口相接缝密封。测量时先将仪器探头沿辅助风管风口平面移动，如果发现风速分布不均匀可适当增加测点。大多数

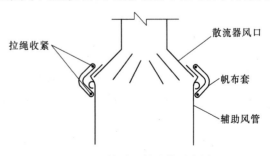

图 5-10　辅助风管连接示意图

图 5-11　用于风口测定的风量罩

情况下辅助风管阻力占系统总阻力比例很小，风量为辅助风管截面积与平均风速的乘积，可不必修正。另外也可以购买风量罩进行测量，如图 5-11 所示，风量罩可同时测定风速、风量、温度和相对湿度，并可在液晶屏上直接读取数据，一般带有与计算机相连的接口，便于数据收集和处理，尤其适合用于对散流器风口的测定。

5.2.3　风口及风管风量调试

空调系统工作的最终目的是将处理后的空气通过风管和送风口分送到各个房间，调节各送风口的送风量使之符合设计要求是风量调试的首要任务。下面介绍常用的实测风量等比调整法和基准风量比例调整法。

1. 实测风量等比调整法

实测风量等比调整法直接利用公式（5-11）。可以在风口支管上打孔用毕托管和微压计测量；也可用热球风速仪或叶轮风速仪在风口测量。一般应先从最远风口支管开始，两两测量比较，逐步调向离送风机最近的支管。如图 5-12 所示，先测出支管（或风口）1 和 2 的风量，并利用其三通调节阀 C 调整 1 和 2 的风量，使其 1、2 的实测风量比值与设计风量比值近似相等。例如设计要求 1、2 的设计风量为 $1000\text{m}^3/\text{h}$ 和 $600\text{m}^3/\text{h}$，比值为 5∶3。调整时 1、2 的实际风量不能一次调到设计值，但可以调到使 1、2 的风量比等于 5∶3。然后调整三通阀 B，1、2 的风量将变化，但风量比保持不变，使 3 与 1 或 2 的风量比和设计风量比近似相等。用同样的方法可以调整 4、5、6 号支管（或风口）。再调整三通阀 A，使上下风管各支管（或风口）的实测风量比与设计风量比近似相等。最后调整总风阀，只要总风管中的风量达到设计值，如果沿风道输送又没有大的风量漏损，那么各支干管、支管和风口的风量就会按设计的比值进行分配。

2. 基准风量比例调整法

基准风量比例调整法是将公式（5-11）变换为下式运用：

$$\frac{L_1'}{L_1} = \frac{L_2'}{L_2} \tag{5-17}$$

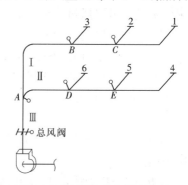

图 5-12　风量调试示意图

同样对图 5-12，设备风口设计风量为 Ls，并作为基准风量，测试风量为 Lc。将 Ls 和第一次测试的 Lc 数值记录到预先编制的风量记录表中，并且计算每个风口实测风量 Lc 与基准风量 Ls 的比值。调整可以选择各支干管上比值最小的风口作为基准风口，也可以选各支干管上最远风口作为基准风口。初调的目的是使各风口的实测风量与设计风量的比值近似相等。在图 5-12 系统中的 Ⅰ 号支干管上，以 1 号为基准风口，用两套仪器同时测量 1 及 2 号风口的风量，调节三通阀 C，使 1、2 风口风量近似满足：

$$\frac{L_{c1}}{L_{s1}} \approx \frac{L_{c2}}{L_{s2}}$$

1 号风口的仪器可以不动，将另一套仪器移至 3 号风口，调三通阀 B，经调整后在新的风量平衡条件下，使 1、2、3 号风口风量近似满足：

$$\frac{L_{c1}}{L_{s1}} \approx \frac{L_{c2}}{L_{s2}} \approx \frac{L_{c3}}{L_{s3}}$$

用同样的方法可以调整 4、5、6 号风口。最后在 Ⅰ、Ⅱ 两支干管上各选出一个基准风口，调整三通阀 A 使两风口实测风量与设计风量的比值近似相等。

经过以上的调整，只能使各风口及各支干管的实测风量与设计风量（基准风量）的比值近似相等。这时各风口的风量并不等于设计风量。但是，同样只要将总干管Ⅲ的风量调整到设计风量值，由于管段中各调节阀的位置不再改变，各支干管和各风口的风量将会同时达到设计风量。

要说明的是，使用毕托管和倾斜式微压计需要在风管上打测孔，测高位置风管时操作不方便，微压计不易调水平。另外，实验发现当风管内风速<5m/s时，读数误差占总测值的比例可能超过 10%，这就限制了毕托管和微压计的使用。再者，向大厅送风的空调系统，往往是在支干管上开孔直接安装散流器，风量通过散流器喉部调节阀调节，这种方式也无法使用毕托管和微压计。如果各风口规格和风量都相同，根据风量与风速成正比的关系，在调节风口风量平衡时，用热球风速仪或叶轮风速仪贴风口平面测风口中心风速，用风速替代风量进行分析比较，可以加快调整速度。

空调系统风量调整完毕后，应将各调节阀的手柄用油漆涂上标记，将风阀位置固定，并只能由指定人员管理阀门的开启及调整，其他人员不得随意改变阀门位置。否则，一旦阀门位置改变了，整个系统的风量平衡就会受到破坏，各风口送风量会偏离设计风量。这一点必须重视。

【示例 5-1】应用基准风量比例调整法调整如图 5-13 所示风管系统。各风口设计风量和首次实测风量填入表 5-3，以设计风量为基准，计算各风口实测风量与设计风量的比值，填入表的右栏。

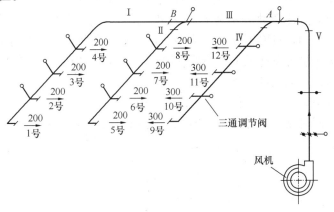

图 5-13　系统风口风量调试示意图

各风口风量统计表

表 5-3

风口编号	设计风量 （m³/h）	初测实际风量 （m³/h）	$\dfrac{初测实际风量}{设计风量}\times\%$
1 号	200	160	80
2 号	200	180	90
3 号	200	220	110
4 号	200	250	125
5 号	200	210	105
6 号	200	230	115
7 号	200	190	95
8 号	200	240	120
9 号	300	240	80
10 号	300	270	90
11 号	300	330	110
12 号	300	360	120

根据表 5-3 各风口实测风量与基准风量的比例，最小比值风口分别是支管Ⅰ上的 1 号风口、支管Ⅱ上的 7 号风口、支管Ⅳ上的 9 号风口。调整由风口平衡、支管平衡，依次调向干、主管。首次测量可以从最小比值风口开始，例如对每根支管，分别可选 1 号、7 号、9 号风口开始测量。也可从每根支管的最远风口开始。测量风量需要使用两套仪器同时测量两个风口，以便进行比较。当其中一套仪器置于某风口作定点测量时，该风口做为基准风口。

先测定调整距风机最远的Ⅰ号支干管。两套仪器同时测量 1 号、2 号风口的风量，此时借助于 2 号风口处的三通调节阀进行调节，使 1 号、2 号风口的第二次实测风量与设计风量的比值百分数近似相等，即满足：

$$\frac{L_{2c}}{L_{2s}}\times100\% = \frac{L_{1c}}{L_{1s}}\times100\% \tag{5-18}$$

调节中，1 号风口的风量必然有所增加，其比值数要大于 80%；2 号风口的风量有所减少，其比值小于原来的 90%，但比 1 号风口原来的比值数 80% 要大一些。假设 1 号、2 号两风口风量调节后的比值数分别为 83.7% 和 83.5%，表明两个风口的风量基本平衡。根据风量平衡原理可知，只要不变动已调节过的三通阀位置，上游风量的变化，1 号、2 号风口各自的实际风量与设计风量（基准风量）的比值数在保持式（5-18）的条件下同时改变，这个比值数称基准风量比例。

第二次测量调整，其中一套仪器置于已调整的 1 号（或 2 号）风口不动，另一套仪器测调 3 号风口处，同时测量 1 号（或 2 号）、3 号风口的风量，并通过 3 号风口处的三通阀调节，使满足：

$$\frac{L_{3c}}{L_{3s}}\times100\% = \frac{L_{1c}}{L_{1s}}\times100\% \tag{5-19}$$

此时调小 3 号风口的风量，1 号、2 号风口风量会同时增大。假设 1 号、3 号风口风量调整均接近 95.2%，该值也必定满足式（5-18）。由此可知，基准风量比例调整法的风口各次风量实测值总是与自己的设计风量进行比较,每次调整,这个比值,即基准风量比例都是变化的,但每一次调整后,可使已调整风口的基准风量比例同时变化。每根支管所有风口的基准风量比例经过调整至近似相等,即可认为该风管风量调整平衡。下一步进行支管平衡调整。一般从最远支管开始,选择两根相邻支管,各选一个风口进行测量比较调整,建议宜选相近风口,便于信息传递。测量调整方法同风口方法。如Ⅰ、Ⅱ号支管,只要这两根支管的两个风口风量调整使各自的基准风量比例一致,从1号到8号风口所有的基准风量比例也必定一致。对图5-13,当3根支管调整平衡后,调节总风阀可使所有风口基准风量比例接近100%,调整结束。

5.2.4 系统风量测试

空调系统风量测试与调整要根据工程实际和经验合理安排操作程序。普通舒适性空调系统初调节应注意以下要求:

(1)空调系统风量测试与调整时,房屋门窗关闭应与空调系统实际工作状态接近。有回风机的双风机系统,系统风量测试与调整要同时运行送、回风系统,否则测试与调整会产生较大误差。

(2)完成各送风口风量平衡调节工作,这时各送风口风量可能并不等于设计值,但调定的阀门位置不能改变。

(3)测试和调整新风量、送风量、回风量、排风量。空调机出口总风管测得总送风量略大于各房间送风口实测风量之和;各房间回风口实测风量之和略小于回风机吸入口测得回风量;新、回风量之和近似等于总送风量。如果相差超过10%,说明风管或空调机组存在较大漏风,应仔细检查。

(4)调整后系统总送风量的测试结果与设计风量的偏差不应大于10%,风口实测风量与设计风量的偏差控制在15%以内,如果部分风口偏差较大,可做局部调整。如果系统总风阀基本全开,但总送风量仍大于或小于设计风量10%以上,排除统计误差和漏风等其他原因后,主要可能是系统设计计算阻力大于或小于实际阻力。对总送风量偏小的问题,可以采取更换导流弯管等减小系统阻力的措施;总送风量偏大时可以关小总风阀,但空气被节流会产生噪声。

(5)让系统分别稳定在最大新风量和最小新风量位置,新风量和回风量比例要符合设计规定。新风量比例偏大,会增加空调机的新风负荷;回风量过大会阻挡新风进入系统,使室内空气品质变差。图5-14是某商场一台空调机组的回风、排风、新风和送风的实际测量值。可以看出,其新风管实际变成了排风管。室内无新风送入,并使得送风量小于回

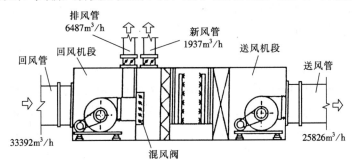

图 5-14 空调机组风量失调实测数据

风量，室内形成较大负压，商场大门处有大量新风涌入，机组新风负荷增大。空调系统这种工作状态，在最初的系统风量测试中是应该被发现的。对回风量过大的问题，可以适当增大回风机皮带轮直径，减小回风机转速来解决。

在测试调整过程中如果需要改变系统或设备部件，施工单位应与建设和设计单位协商解决。施工单位的合理化建议，应由施工单位提出技术问题核定单，经设计和建设单位同意后方可施工，施工单位不得擅自处理。

5.2.5 净化空调系统风量测试与调整

洁净空调系统的风量测试与调整在安装高效过滤器之后的试运行过程中进行。

1. 风量测试与调整前的工作

净化空调系统在风量测试与调整前应按照工艺顺序先完成以下工作：

（1）全面清扫擦拭洁净室和净化空调系统设备，完成粗、中效过滤器检查和安装。

（2）试运行与管道吹扫。根据工程实际情况，风管可先分段吹扫，如新风机组试运行与新风管道吹扫；回风机试运行与回风管道吹扫等，吹出空气先排向室外。

（3）全系统试运行与管道吹扫，然后再次清扫擦拭洁净室和洁净空调系统设备。此时的最后一次擦拭及以后的工序应穿洁净工作服操作。

（4）检查和安装高效过滤器，应在风量和静压差测试调整合格后进行高效过滤器检漏。

2. 风量测试与调整

净化空调系统风量调整原理与普通舒适性空调相似，工程调整测试时洁净室占用状态应为空态，在系统全面清扫，连续运行24h以上达到稳定后进行。风量测试时要拆去临时过滤装置。对非单向流洁净室，采用风口法或风管法确定送风量，做法如下：

（1）风口法是在安装有高效过滤器的风口处，根据风口形状连接辅助风管进行测量。即用镀锌钢板或其他不产尘材料做成与风口形状及内截面相同，长度等于2倍风口长边长的直管段，连接于风口外部。在辅助风管出口平面上，按最少测点数不少于6点均匀布置，使用热球式风速仪测定各测点的风速。以风管截面平均风速乘以风口净截面积求取测定风量。

（2）对于风口上风侧有较长的支管段，且已经或可以钻孔时，可以用风管法测定风量。测量断面与后面下游侧的局部阻力部件距离应≥3倍管径（或长边长度）；与上游侧的局部阻力部件距离应≥5倍管径（或长边长度）。对于矩形风管，要将测定截面分割成若干个相等的小区。每个小区尽可能接近正方形，边长不应大于200mm，测点位于小区中心，但整个截面上的测点数不宜少于6个。对于圆形风管，应根据管径大小，将截面划分成若干个面积相同的同心圆环，每个圆环测4点。根据管径确定圆环数量，不宜少于3个。布点可参考图5-9和表5-2。

对于单向流洁净室，采用室截面平均风速与截面积乘积的方法确定送风量，垂直单向流洁净室的测定截面取距地面0.8m的无阻隔面（孔板、格栅除外）的水平截面，如有阻隔面，该测定截面应抬高至阻隔面之上0.25m；水平单向流洁净室取距送风面0.5m的垂直于地面的截面。截面上测点数应不少于20点，均匀布置，间距一般取0.3～0.5m。以所有测点风速读数的算术平均值作为平均风速计算送风量。

测试调整要求：净化空调系统的实测总风量应大于设计风量，但不应超过20%。室内各风口风量与设计风量的允许偏差为±15%。单向流洁净室要求实测室内平均风速应大于设计风速，但不应超过15%；实测室内新风量应大于设计新风量，但不应超过10%。

单向流洁净室截面风速不均匀度 β_v 可只测工作区（或规定高度），不均匀度 β_v 按式（5-20）计算，其值不应大于0.25。

$$\beta_0 = \frac{\sqrt{\dfrac{\sum(v_i - v_p)^2}{n-1}}}{v_p} \tag{5-20}$$

式中　v_i——任一测点的实测风速，m/s；

　　　v_p——平均风速，m/s；

　　　n——测点数。

在洁净室内测定风速应使用测定架固定风速仪，不得不用手持风速仪测定时，手臂应伸至最长位置，尽量使人体远离探头，以减小气流经过人体的扰动。

5.3　空调系统无负荷联合试运行与调试

空调系统在设备单机以及各子系统试运行与检测调试合格以后，需要进行无生产负荷的联合试运行及调试（简称系统无负荷试车）。对子系统试运行要求最后完成水系统水量初调节；控制系统完成模拟及联动调试；风系统完成风量调整。空调系统带冷（热）源正常联合试运行不应少于8h，当竣工季节与设计条件相差较大时，仅做不带冷（热）源试运行。例如：夏季可仅做带冷源试运行；冬季可仅作带热源试运行。空调系统无负荷联合试运行及调试的目的是使系统运行符合设计要求；同时也检查设计、制造和安装的质量。这是一项非常复杂的技术工作，可能会遇到各种各样的问题，因此要求参与者具有空调、制冷、热工测试和自动控制等方面的知识与经验。

由于空调系统组成和控制方式的多样性，以及季节不同时空调要在不同工况阶段工作，因此无负荷联合试运行与调试也不会有完全统一的程序。下面以集中式一次回风空调系统为例，介绍夏季工况时的试运行与调试基本程序和要求。

5.3.1　试运行准备工作

（1）仔细阅读设计图纸和有关技术文件，熟悉空调系统设备组成和工作原理。与弱电技术人员一道共同研究控制系统的特点和控制过程，确定各调节点设定值（如室内温湿度、冷冻水供回水温度等）。

（2）现场全面检查空调系统设备及管线，确认符合联合试运行要求。查验空调设备单机和子系统试运行记录文件，项目验收应为"合格"，无遗留隐患。对控制系统设定的监控报警点（如风机故障、过滤器、水泵、制冷机故障报警等），还应检查试报警记录。

（3）认真学习"空调系统试运行调试方案"，领会试运行程序和检查项目及要求，落实应急措施。根据检测要求合理选择仪器、仪表量程和精度，并保证检定合格且在检定期内使用。

5.3.2　空调系统试运行与调试

空调控制系统的操作可分为现场操作与远程操作。现场操作利用现场控制器实现对空调主体设备（如冷水机组）的现场手动或自动控制并显示运行状态。远程操作利用上位计算机操作界面实现对空调系统的手动与自动控制。远程操作界面根据系统配置可分为冷、热源系统和空调系统等部分。

进入主界面会显示如空调风系统、冷源系统、热源系统及水系统等。空调风系统、冷热源系统及水系统将显示流程图。在相应界面还会设置有如夏季、除湿、冬季、报警显示、报警总览、故障复位、退出等点击按钮。例如，系统运行在夏季时，当选择了除湿按钮之后，若空调机组的回风湿度大于设定湿度值，系统将进行除湿运行（可启动除湿机）；若空调机组的回风湿度在设定湿度值的范围内，系统只进行制冷运行。当点击"冷源系统"按钮后，将切换显示包括冷水机组、空调机组表冷器在内的系统流程图画面。系统流程图将显示该系统所有监控点和调节点。点击调节点按钮，可以对调节参数进行设定。

进入系统流程图界面，例如点击相应冷水机组按钮，会弹出冷水机组操作画面，包括冷水机组的冷冻水泵、冷却水泵和补水泵，再往下层点击，还可进入冷水机组、冷冻水泵、冷却水泵的手/自动控制界面。空调系统控制界面可以有多种格式，调试时操作人员应仔细阅读控制系统说明文件。

空调系统联动试运行调试过程中需要对调节器的参数进行整定，即选择适当的比例带、积分时间常数和微分时间常数等参数，使其与受控对象（如空调房间）的特性相匹配，以达到最佳的控制效果。在工程中常采用的整定方法有反应曲线法、稳定边界法、衰减曲线法、经验整定法等。

用反应曲线法整定调节器的参数应先测定调节对象的动态特性，即对象的被调参数对单位阶跃输入量的反应曲线。根据阶跃特性曲线定出几个能代表该调节对象动态特性的参数，然后可直接按这个数据定出调节器的最佳整定参数。

稳定边界法建立在纯比例控制系统临界振荡实验所得实验数据的基础上，根据实验得到的调节器稳定边界时的临界比例带，用经验公式算出调节器的整定参数。

衰减曲线法与稳定边界法类似，是在总结稳定边界法及其他一些方法的基础上，由实验数据和经验公式求得整定参数，调整过程比较简单。

在现场对控制系统的整定中，一般经验丰富的调试人员常采用经验整定法。即根据经验先确定一组调节器参数，并将系统投入运行，然后人为地加入阶跃干扰，观察被调量或调节器输出的阶跃响应曲线，并根据调节器各参数对调节过程的影响，改变相应的整定参数。通常是先调节比例带，再整定积分时间，最后调整微分时间。反复试验几次，直到获得满意的阶跃响应曲线为止。

上述几种参数整定方法，调试时总的原则是：凡比例带过小，或积分时间常数过小，或微分时间常数过大，都会引起振荡过程。如果振荡衰减很慢甚至不衰减，就应加大比例带，或增大积分时间，或减小微分时间。凡比例带过大，或积分时间过大，都会使过渡过程时间过长，被调参数变化缓慢，调节过程回复过慢，系统不能很快达到稳定状态，这时应减小比例带和积分时间常数。因此空调系统整定调试过程中暖通与控制技术人员应密切配合。

1. 空调系统自动控制局部调试

空调系统自动启动运行时，按下启动按钮，系统根据预先编制的控制程序启动系统设备，并自动调节送风温湿度达到设定值范围。首次试运行宜手动启动，将自动控制系统的联锁和监控仪表投入使用，自动控制调节部分置于"手动"位置，依次启动送风系统、回、排风系统、冷却水系统、冷冻水系统、制冷系统等子系统，仔细观测各子系统设备工作情况，要求运行正常。

对于大型商场，因客流量的随机变化特点，使得商场空调负荷具有较大的不稳定性。为适应特别是在节假日时期出现的极高峰负荷，因此要求空调系统调节灵敏，变工况性能好。恒温恒湿空调室内温湿度限制波动范围小，室内显热负荷变化过大也可能导致室内的温湿度控制失调。空调系统试运行稳定后可作自动控制局部调试试验，检测系统调节灵敏性和抗干扰性能。空调系统自动控制局部调试要求设备和控制人员互相配合。现以单元3图3-1一次回风定露点空调系统为例，介绍调试的基本方法。

（1）夏季工况露点调试

让冷冻水温度达到设计值，保持新、回风比例不变。手动控制调节喷水室给水电动调节阀，使露点温度接近设定值，然后切换到自动控制状态，可以用温度自动记录仪记录露点温度变化曲线，检查露点温度能否稳定在设定范围内或建立衰减调节过程。调节中可能发生以下情况：

1）系统失调。露点温度变化一直偏离设定值的上限或下限而不能回到设定值范围内，产生这种情况的原因是喷水温度偏高或偏低。分析原因时先检测冷冻水温度是否偏高或偏低，供水量是否不足或过量，如正常就应检查电动调节阀是否卡住，行程限位设置是否正确。

2）露点温度产生等幅振荡，如同双位调节一样，调节阀时开时关动作频繁，这会加速机械磨损，也影响后面系统的调节，是必须克服的。对P或PI调节系统，可适当加大比例带和增大积分时间；当因保护套管使敏感元件的热惯性过大时，也可能会引发振荡，可在套管上钻一些小孔，设法减小敏感元件的时间常数和延迟；另外，控制器的不灵敏区过小和电动三通阀补偿速度过快也是可能引发振荡的因素。对加有脉冲开关的电动三通阀，应先在通断比方面下功夫调整，以求获得合适的通断比。

在系统能正常调节运行之后，可对系统进行加干扰后的调节品质实验。在系统正常调节状态，突然适当升高冷冻水温度，系统调节可能使露点温度建立衰减调节过程，并稳定在设定范围内，这说明系统抗干扰能力强。但也可能产生失调，其原因可能是因冷冻水升温过高，或调节阀行程限位设置不当。

（2）冬季工况露点调试

冬季工况的露点测试调整与夏季工况调整相似，先手动调节一次加热量维持露点温度的稳定，然后采用自动调节方式。露点温度应能稳定在设定值范围或建立起衰减过程。如果产生失调、等幅振荡或非周期过程，则应查明原因，采取措施进行处理。影响冬季工况露点调节品质的主要因素是控制器的不灵敏区、传感器的热惯性和执行调节机构（电动调节阀）的调节速度及流量特性等，若不合适就会造成调节系统的失调或等幅振荡。

在冬季工况露点调节过程中，其扰动主要来自一次加热的热源（如加热蒸汽压力的波动，热水加热器的热水温度变化等）。在施加扰动进行测试时，可将一次加热器的手动调节阀关小，使一次混合空气的温度突然发生变化，以考核露点自动调节系统的抗干扰能力。

（3）过渡季工况露点调试

在进行过渡季工况露点的试验调整时，首先用手动方式调节新风与一次回风混合比，使露点温度接近设定值，之后将自控系统投入运行进行检测。在过渡季调节中，新风温度的变化是调节过程中扰动的主要来源，但不是影响调节品质的主要因素。影响调节品质的主要因素则是调节风阀的流量特性和漏风。

（4）二次加热系统调试

在露点温度和二次加热器供热水温度稳定在一定范围的条件下，手动调节使二次加热器后的空气温度接近设定值，然后将二次加热器转入自动控制。

如果电动调节阀在最小位置，加热器后风温仍高于设定值，其原因可能是露点温度偏高，电动阀门的下限位开关位置不对和加热器水温过高等。针对这些情况，应具体分析调整。当电动调节阀移到最大位置时，加热器后风温仍低于设定值，其原因可能是露点温度和加热器供水温度偏低，或上限位开关使阀门未能真正全开。这也要视具体情况，有针对性地进行调整。如果系统产生振荡，调整可参照露点系统的分析和调整方法进行。

二次加热系统加干扰的调节品质试验分为两步。首先使露点温度和二次加热系统正常运行，然后突然减小供热量（如降低供热水温度），测量二次加热器后风温过渡过程，直到重新稳定后试验结束。其次是使露点温度稳定，二次加热器处于正常工作状态，然后突然改变露点温度，测量二次加热器后风温过渡过程，待风温重新稳定后试验结束。在上述试验中，如果系统能够很快自动消除偏差，产生衰减的振荡过程，则说明系统抗干扰能力较强。如果系统产生失调，则说明热水温度偏高或偏低，或者执行机构限位开关位置不当，应进行调整。

（5）室温系统调试

室温系统调试在上述系统调试正常后进行，调试方法与二次加热系统调试相似。调试前应使加热器前的风量和送风温度达到设计值。手动调节加热器使室内空气温度接近设定值，然后将室温自控系统投入运行。由于室温调节仪表多为小量程，对室温系统加干扰要控制干扰的大小，室温变化超出仪表量程对仪表不利。

2. 空调系统自动控制运行切换

自控系统投入运行的过程就是由手动到自动的切换过程。下面介绍定露点控制系统夏季工况切换步骤：

（1）露点控制运行切换

让冷冻水给水达到设计温度，将新、回风比调为现阶段设计值。手动控制调节喷水室或表冷器给水电动调节阀，使露点温度接近设定值。当偏差很小并稳定一段时间后，在无扰动条件下将露点控制切换到自动控制状态。如果露点温度能稳定在设定值附近，偏差很小，则不再调整。如果始终偏高或偏低，要根据具体情况消除失调现象。

（2）送风控制运行切换

在露点温度稳定一段时间后，调节后加热器的加热量，使空调机组出口送风管内温度接近设定值，然后将其切换到自动控制状态。

（3）室温控制运行切换

调节精加热器的加热量，使空调室内温度接近设定值，然后将室温控制切换到自动控制状态。如果系统无精加热器，则调节后加热器的加热量，使空调室内温度接近设定值并完成室温控制切换。

在室内温度稳定一段时间后，可将新风、回风、排风联动调节风阀及其他控制调节系统切换到自动控制状态，全面检查整个空调系统的运行与自动调节状况。

3. 焓湿图在空调系统调试中的应用

调试往往很难一次成功，有时会反复多次，不断发现和排除各种问题，才能使空调系统自动控制状态运行达到设计要求。调试过程中要详细记录检测数据，最好能绘制描述空气处理过程的 $i\sim d$ 图。以夏季为例，一般应记录的数据有：

（1）进出空调机组的冷冻水量和水温；

（2）室外新风状态 W 点；

（3）室内（回风口处）状态 N_1 点；

（4）机组回风机后回风状态 N_2 点；

（5）新回风混合状态 C 点；

（6）机器露点 L 点；

（7）再加热器后状态 O_1 点；

（8）室内送风口状态 O_2 点。

如图 5-15 所示，由 W 点和 N_1 点可以判定空调工况阶段；N_1、N_2 线反映回风机和回风管温升；O_1、O_2 线反映送风机和送风管温升；LO_1 线反映喷水室过水量；根据检测数据和 $i\sim d$ 图可以帮助分析问题所在。必要时修正控制器设定值。空调系统带冷（热）源的正常联合试运行不应少于 8h，当竣工季节与设计条件相差较大时，仅做不带冷（热）源试运行。

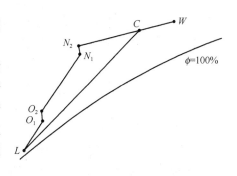

图 5-15　系统调试过程分析图

出于节能的目的，目前对舒适性空调不提倡使用"再热"而采用露点送风的处理方案，即如单元 3 图 3-2 所示。冬季将新、回风混合加热后，通过喷蒸汽至冬季热湿比线上的送风点，如图 5-16 所示。夏季仅启动表冷器，将混合后的空气处理到热湿比线与 90% 相对湿度线交点（即"机器露点 L"）后直接送入室内。但这种方案如果用于湿负荷偏大的环境，会出现热湿比线与 90% 相对湿度线交点过低或无交点的情况，此时设计是根据换气次数确定送风量，再由式（5-21）计算送风状态点焓值 h_s，由 h_s 线与实际热湿比线相交得理想送风点 S，然后可得"等焓露点"L_h 和"等温露点"L_t，如图 5-17 所示。一般采用等温露点 L_t 送风，室内空气状态为 N' 点，可保证室温满足要求，但室内湿度无法满足要求，而且热湿比线越平坦室内湿度偏差越大。如果空调室内实际热湿比线又出现很陡的情况，"机器露点"L 在 L_t 点上方，在不改变送风量时按

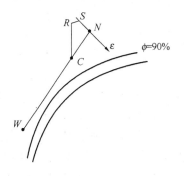

图 5-16　露点送风的冬季过程

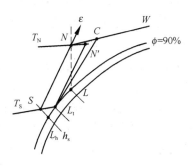

图 5-17　露点送风的夏季过程

L点送风则会使室温偏高。如果用户对空调室内空气参数提出质疑，安装调试人员应通过测绘焓湿图予以分析说明。当室内温湿度不能满足设计要求时，应与用户和设计单位协商确定解决方案。

$$h_s = h_N - \frac{Q}{G} \qquad (5-21)$$

式中　h_s——送风点焓值，kJ/kg；

　　　h_N——空调室内空气焓值，kJ/kg；

　　　Q——空调室内热负荷，kW；

　　　G——按换气次数确定的送风量，kg/s。

因空气处理设备及冷、热源配置和空调系统工作过程不同，空调运行控制方式和操作要求也会有很大差异，施工单位调试人员应与业主和设备供应商共同协商调试检测的程序、项目、工艺和目标。空调系统不带负荷的室内温、湿度测定调整，气流组织与压差测定调整，以及噪声测定等，与综合效能测定中的方法相同。

5.4　竣工验收与空调系统综合效能测定

5.4.1　竣工验收

空调工程的竣工验收，是在工程施工质量得到有效监控的前提下，施工单位通过系统无负荷联合试运行与调试及观感质量的检查，工程质量合格后向建设单位的移交过程。

空调工程的竣工验收，应由建设单位负责，组织施工、设计、监理等单位共同进行，合格后办理竣工验收手续。

空调工程竣工验收主要有资料检查验收和工程观感质量的检查。应检查验收的资料有：

（1）图纸会审记录、设计变更通知书和竣工图；

（2）主要材料、设备、成品、半成品和仪表的出厂合格证明及进场检（试）验报告；

（3）隐蔽工程检查验收记录；

（4）设备、风管系统、管道系统安装及检验记录；

（5）管道试验记录；

（6）设备单机试运转记录；

（7）分部（子分部）工程质量验收记录；

（8）系统无生产负荷联合试运转与调试记录；

（9）观感质量综合检查记录；

（10）安全和功能检验资料的核查记录。

空调工程质量的检查项目和要求可以参阅国家标准《通风与空调工程施工质量验收规范》GB 50243。竣工验收依次审查检验批、分项工程、子分部工程的资料和验收记录。

检验批是工程质量验收的最小单元，是实体验收，可以在施工过程中完成验收工作。组成一个检验批的内容施工完毕，施工单位自检、互检、交接检合格后，经项目专业质检员检查评定合格，填写"检验批质量验收记录"，报监理工程师（建设单位项目专业技术负责人）组织验评签认。

分项工程、分部（子分部）工程主要是资料验收。组成分项工程的所有检验批施工完毕，在施工单位自检基础上，经项目专业技术负责人组织内部验评合格后，填写"分项工程质量验收记录"，报监理工程师（建设单位项目专业技术负责人）组织验评签认。

组成分部（子分部）工程的各分项工程施工完毕，经项目经理或项目技术负责人组织内部验评合格后，填写"分部（子分部）工程质量验收记录"，项目经理签字后报总监理工程师（建设单位项目负责人）组织验评签认。

工程质量检验评定给出"合格"或"不合格"结论；工程观感质量的验收给出"好"、"一般"、"差"的评价。建设、施工、设计、监理等单位都同意验收后，各单位项目负责人签字，监理单位由总监理工程师签字，并加盖单位公章，注明签字验收日期，同时形成书面文字的竣工验收报告。

5.4.2 空调系统综合效能测定

空调系统带负荷的综合效能试验的测定与调整由建设单位负责，设计、施工单位配合。试验测定与调整的项目，应由建设单位根据工程性质、工艺和设计的要求进行确定。下面介绍常规的测定与调整项目。

1. 冷却和加热装置性能测定

（1）喷水室性能测定

1）喷水室喷水量测定

利用喷水室底池中水位变化测量喷水量，其计算公式为：

$$W = \frac{3600}{\tau} F \Delta h \tag{5-22}$$

式中　W——喷水量，m^3/h；

　　　F——喷水室底池水平横截面积，m^2；

　　　Δh——测定时间内底池水位变化高度，m；

　　　τ——测定时间，s。

喷水室喷水量应在设计压力下测定，可以提前在冷冻水系统初调试中完成。

2）喷水室换热量测定

喷水室换热量现场测定要求同时测定空气侧和水侧的换热量，两换热量测定值的平均值为喷水室换热量（容量），并要求两测定值的偏差（绝对值）与平均值的比值应小于10%，或符合现行国家标准《组合式空调机组》GB/T 14294 的规定。不能满足要求时应重新测量，查明原因。限制两测定值的偏差，实际上是检测喷水室的漏风、过水以及与外部热交换等不利因素对喷水室性能的影响。

在喷水室前分风板前 40～100mm 和后挡水板后 100～200mm 处（露点控制在露点敏感元件截面）分别布置若干测点，用分度 0.1℃的水银干、湿球温度计和热球风速仪测量空气干、湿球温度和风速，同时用大气压力计测定当地大气压力，用微压计测定机组内测量位置与机外大气压力的压力差。由于受新、回风混合不均匀和喷水室内水雾不均匀的影响，测量截面上温度和风速可能也会很不均匀，因此应将测量截面分为面积相等的若干小区，在小区中心测量。一般先测风速，每点 2～4 次，取平均值作为该点读数。保持风量、风速和测点不变，用干、湿球温度计测温度，每点 4～6 次，隔 5～10min 读取一次，取平均值作为该点读数。一般取喷水室后测量截面各点风速平均值计算通过喷水室的风量（体积流量 L）。由各点干、湿球温度平均值确定该截面空气焓与含湿量值。测量时，挡水板后的干、湿球温度计的温包均要防止冷水滴飞溅，可以用锡箔罩遮挡。如果露点敏感元件安装位置的温度与该截面平均温度有较大偏差，会影响室内空气状态调试工作，要注意在整定值中给予修正。喷水室空气侧换热量按以下步骤计算。

由实测当地大气压力和机内外压力差确定测量截面的湿空气总静压力 P_j。设在测量截面测得湿空气的干、湿球温度分别为 t 和 t_S。因饱和水蒸气分压力 $P_{q \cdot b}$ 与总压力无关，可由 t_S 在标准大气压力（$B=101.325 \text{kPa}$）下的湿空气焓湿图或参数表上查得，或由式（5-23）计算。

$$\text{In} P_{q \cdot b} = C_1/T + C_2 + C_3 T + C_4 T^2 + C_5 T^3 + C_6 \text{In} T \tag{5-23}$$

式（5-23）中，$P_{q \cdot b}$ 为饱和水蒸气分压力（Pa）；T 是用绝对温度表示的湿空气干球温度（K）；$C_1 = -5800.2206$；$C_2 = 1.3914993$；$C_3 = -0.048640239$；$C_4 = 0.41764768 \times 10^{-4}$；$C_5 = -0.14452093 \times 10^{-7}$；$C_6 = 6.5459673$。

由式（5-24）可求出湿空气在总静压力 P_j 时，水蒸气饱和状态的含湿量 d_S。

$$d_S = 0.622 \frac{P_{q \cdot b}}{P_j - P_{q \cdot b}} \tag{5-24}$$

计入湿球温度测量时带入的水的热量，湿空气含湿量 d 用式（5-25）计算，焓 h 用式（5-26）计算。

$$d = \frac{1.005(t_S - t) + d_S(2501 - 2.33 t_S)}{(2501 - 4.19 t_S + 1.86 t)} \tag{5-25}$$

$$h = 1.005 t + d(2501 + 1.86 t) \tag{5-26}$$

测量截面湿空气密度 ρ 可按式（5-27）计算。

$$\rho = \frac{P_j(1+d)}{461(273.15 + t)(0.622 + d)} \tag{5-27}$$

设湿空气进入喷水室时为状态 1，流出时为状态 2。测得状态 1 的湿空气干、湿球温度分别为 t_1 和 t_{s1}，状态 2 时分别为 t_2 和 t_{s2}。忽略喷水室的漏风因素，则 1 和 2 状态的湿空气中所含干空气质量相等。若实测喷水室喷水量为 W，喷水温度为 t_{w1}，底池水温为 t_{w2}。以状态 2 计算干空气质量，忽略喷水室过水量，根据热平衡式（5-28），得空气侧换热量计算式（5-29）和水侧换热量计算式（5-30）。

$$\frac{L_2 \rho_2}{1 + d_2} h_1 + 4.19 W t_{w1} = \frac{L_2 \rho_2}{1 + d_2} h_2 + 4.19 W t_{w2} + 4.19 \frac{L_2 \rho_2}{1 + d_2} \Delta d t_{w2} \tag{5-28}$$

$$Q_a = \frac{L_2 \rho_2}{1 + d_2} \left[(h_1 - h_2) - 4.19 \Delta d t_{w2} \right] \tag{5-29}$$

$$Q_w = 4.19 W(t_{w2} - t_{w1}) \tag{5-30}$$

式（5-29）和（5-30）中：

Q_a——喷水室空气侧换热量，kW；

Q_w——喷水室水侧换热量，kW；

$L_2 \rho_2$——通过喷水室后测量截面的湿空气质量流量，kg/s；

Δd——喷水室前、后测量截面湿空气的含湿量差值，kg/kg；

h_1、h_2——喷水室前、后空气的焓值，kJ/kg。

t_{w1}、t_{w2}——喷水室进、回水的温度，℃。

喷水室进水温度可以用热电偶温度计插入喷嘴孔内测量，回水温度直接测底池水温。同时用两种方法做比较测试时，由公式（5-29）和（5-30）计算的结果的偏差（绝对值）与平均值的比值应不超过有关规定，否则应分析偏差原因。为配合控制系统分析与调试，还可加阶跃干扰、测定时间常数和滞后时间等参数。

（2）表冷器的容量测定

如果系统采用表冷器，其冷量测定和计算与喷水室相同。在表冷器前后测量空气状态和在进、回水管上测水温，然后用公式（5-29）和（5-30）计算容量。在进、回水管上测定水温，应在进、回水管道上的测温套管中分别插入分度值为 0.1℃ 的同量程温度计，并在套管中注入机油导热，保证测量的准确性。水流量用水系统上安装的流量计测量。如果系统建有回水池，也可以用公式（5-22）测量计算水流量。

冷却装置的容量测定时，室外实际空气状态 W' 与设计状态 W 会有偏差，即测定时室外空气的焓值 $i_w' \neq i_w$。并且工程尚未投入运行，室内热、湿负荷没有达到设计工况，实际热湿比与设计值也不一样。对非直流式系统，可调节新回风混合比使空气混合后的焓等于设计值，并用设计条件下的水量和水温处理空气，如果空气终状态的焓也接近设计工况下的焓值，则说明冷却装置提供的冷量能达到设计要求。对于新风系统，需要通过测定空气失热和水量及水的初、终温度，推算冷却装置的最大冷量。

（3）加热器容量测定

加热器容量测定应该在冬季工况下进行，后加热器在夏季工况下测定，要尽量创造低温环境（如利用夜间室内热负荷较小时，或将空气用冷却装置预冷等）。测定时，空气加热器旁通门关闭，热媒管道阀门全开。待运行稳定后测量空气的初、终温度和热媒初、终温度。热媒为蒸汽时可以从压力表读取蒸汽压力，查表确定蒸汽温度；热媒为热水时，可以用温度计在进、回水管道上的测温套管中测量。无测温套管时，也可以在靠近进、回水口的管道外表面用绝热材料将热电偶紧紧包在管壁上测量，这时管壁表面应除去油漆和污物，并用砂纸磨光。因空气通过加热器时无潜热交换，空气通过加热器得到的热量可近似用公式（5-31）计算。

$$Q = L\rho C_p (t_2 - t_1) \tag{5-31}$$

式中　Q ——实测加热器对空气的加热量，kW；

　　　L ——经过加热器的空气量，m^3/s；

　　　ρ ——在测量侧温度下的空气密度，kg/m^3；

　　　C_p ——空气的定压比热，$kJ/(kg \cdot ℃)$；

　　t_1、t_2 ——空气进、出加热器的实测温度，℃。

如果使设计工况与测定工况的风量和热水流量相等，可用下式（5-32）推算设计条件下的加热器加热量：

$$Q_s = Q \frac{(t_{cs} + t_{zs}) - (t_{1s} + t_{2s})}{(t_c + t_z) - (t_1 + t_2)} \tag{5-32}$$

式中　Q_s ——加热器设计条件下的加热量，kW；

　　t_{cs}、t_c ——设计条件与测定条件下热媒初温，℃；

　　t_{zs}、t_z ——设计条件与测定条件下热媒终温，℃；

　　t_{1s}、t_1 ——设计条件与测定条件下空气初温，℃；

t_{2s}、t_2——设计条件与测定条件下空气终温，℃。

对蒸汽加热器，也可以导出类似公式。温度计在加热器前后放置时，要设置防辐射罩。测定空气处理设备的最大容量，可以判断设备能否满足空调全年运行要求，排除容量不足的问题。

2. 室内温湿度测定

在自动控制全面投入运行，系统工作稳定后，可以测量室内温湿度。根据温度和相对湿度波动范围，选择相应的具有足够精度的仪表。温度计用量程0～50℃，分度0.1℃的水银温度计，高精度用0.01℃分度。相对湿度可用干湿球温度计或直接选用数字式温湿度计。

一般空调房间应选择人经常活动的区域布点，也可以只在回风口处测定，一般认为回风口处的空气状态基本上代表工作区的空气状态。对恒温恒湿房间，应在离外墙0.5m，离地面0.5～2m范围的水平面内事先选好一些代表点布置测点。如果希望了解整个工作区的空气状态是否均匀，可以测定不同标高平面上的温度，绘制平面温差图。在各标高平面上，再分为大小相等的若干小面积，并在小面积的中心布置测点，这样可以确定不同平面内区域温差值。当室内有集中热源时，应在其周围布置测点，以便了解集中热源对周围空气参数的影响。测定应每半小时或一小时进行一次，一般可连续测8h。各敏感元件控制点处的平均温度为室内温度基数实测值。

洁净室布测点数参见表5-4，只测一个水平面时，测点平面高度离地面0.8m；也可以根据恒温区的大小，分别在离地不同高度的几个平面上布点。测点布置可选在送回风口、恒温工作区具有代表性的地点（如沿着工艺设备周围布置或等距离布置）、洁净室中心等处。应在洁净空调系统连续运行24h以后测量；每半小时进行一次，并连续测8h以上。

温、湿度测点数　　　　　　　　　　　　表5-4

波动范围	室面积≤50m²	每增加20～50m²
$\Delta t=\pm0.5\sim\pm2.0$℃	5个	增加3～5个
$\Delta RH=\pm5\%\sim\pm10\%$		
$\Delta t\leq\mid0.5\mid$℃ $\Delta RH\leq\mid5\mid\%$	点间距不应大于2m， 点数不应少于5个	

有恒温恒湿要求的洁净室，室温波动范围按各测点的各次温度中偏差控制点温度的最大值，占测点总数的百分比整理成累积统计曲线。如90%以上测点偏差值在室温波动范围内，为符合设计要求。反之，为不合格。区域温差是将各测点平均温度与各测点中最低或最高一次测量温度进行比较，统计各测点最大偏差值，将占测点总数的百分比整理成累计统计曲线，90%以上测点所达到的偏差值为区域温差，应符合设计要求。相对湿度波动范围可按室温波动范围的规定执行。

3. 压差的测定

有压差要求的房间、厅堂与其他相邻房间之间的压差，舒适性空调正压宜为5～10Pa；工艺性空调和洁净室应符合设计的规定。洁净室与非洁净室之间的静压差应大于10Pa，相邻不同级别洁净室之间的静压差应大于5Pa，洁净室与室外的静压差应大于12Pa。压差的测定与调整应注意设计要求室内是正压还是负压，如生物安全实验室要求室内为负压，但一般空调房间多要求为正压。

测量一般空调房间压差之前，可以先试验一下房间内外压差状态。试验的最简便办法是将尼龙丝或点燃的香烟放在稍微开启的门窗缝处，观察其飘动的方向，飘向室外证明房间内是正压，飘向房间内则是负压。测量室内正压时，微压计放在房间内或室外均可，但微压计的低压端接管应与室外大气相通，从微压计上读取室内静压值，即为室内所保持的正压值。为了保持空调房间内的正压，一般是靠调节房间回风量大小来实现。在房间送风量不变的情况下，开大房间回风调节阀，就能减小室内正压值，反之就增大正压值。如果房间内有两个以上的回风口时，在调节阀门时应考虑到各回风口风量的均匀性。如果改变送风量，或同时改变送、回风量，都可以调节室内正压值并能将其调为负压。对有气流组织要求的房间，调整宜在气流组织测定之前进行，并选择适当的调节方法，否则可能因压差调节使房间内的气流组织被破坏。当然，如果因气流组织的要求重新调整了送、回风口风量，室内外压差值也会改变。

洁净室静压差的测定必须在室内气流流型测定前进行。洁净室静压差的测定应在所有的门关闭的条件下，由高压向低压，由平面布置上与外界最远的里间房间开始，依次向外测定。采用的微压计灵敏度不应低于 1.0Pa。

对有孔洞相通的不同洁净度等级的相邻洁净室，孔洞处用热球风速仪测量，应有从高等级室流向低等级室的风速，不应小于 0.25m/s。

4. 室内气流组织测定

气流组织测定包括气流流型和速度分布测定。主要针对有设计要求的恒温精度高于±0.5℃的房间、洁净室、对气流组织有特殊要求的房间等。测点布置基本方法是：

（1）侧送风以送风口轴线和两个风口之间的中心线确定纵剖面；沿房间全高确定水平面，间距 0.5～1.0m，工作区取小值；垂直于送风口轴线，沿房间全长确定横剖面，间距 0.25～1.0m，靠近风口取小值，各平面交线的交点为测点。

（2）下送风时取纵、横剖面都经过风口轴线或两风口之间的中心线，水平面与侧送风确定方法相同。

（3）也可以只选择有代表性的剖面或按以下方法布点测量，具体布点方式如下。

1）侧送风口：沿风口轴向纵剖面布置横剖面，在相互交线上布置测点测定纵剖面气流流型和速度分布，布点间距为 0.25～0.5m，靠近送风口、顶棚、墙面和射流轴线处宜密一些。在 2m 以下范围内选择若干水平面。按等面积法分区（通常分区面积为 1m²）均匀布点测水平面气流流型和速度分布。

2）下送风口：设置纵、横剖面（沿送风口轴线的两个相互垂直立面）和在 2m 以下范围内选择水平面，在纵、横剖面与水平面的交线上布置测点，测点间距为 0.5～1.0m，如图 5-18 所示。

（4）对于垂直单向流洁净室选择

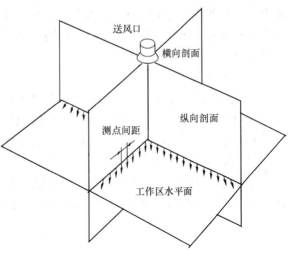

图 5-18　下送风口测量平面及测点布置

纵、横剖面各一个，以及距地面高度为 0.8m 和 1.5m 的水平面各一个；水平单向流洁净室则选择纵剖面和工作区高度水平面各一个，以及距送、回风墙面 0.5m 和房间中心处等 3 个横剖面，测量面上的测点间距为 0.2～1.0m。

对于非单向流洁净室，可选择通过有代表性送风口中心的纵、横剖面和工作区高度的水平面各一个，剖面上测点间距为 0.2～0.5m，水平面上的测点间距为 0.5～1.0m，沿两个风口之间的中心线宜设置剖面布置测点。

测定用发烟器或悬挂单丝线的方法逐点观察和记录气流流向，并在有测点布置的剖面图上标出气流流向，绘制气流流型图；用热球风速仪逐点测量和记录气流流速，绘制速度分布图。如果发现有不符合室内气流组织要求的现象，应分析其原因并加以处理。测定后应根据结果进行分析并给出评价报告。

5. 洁净室洁净度测定

洁净室内洁净度的测量是为了确定洁净室达到的洁净级别，应由专门检测认证单位承担。检测应在设计指定的占用状态（空态、静态、动态）下进行。使用采样量大于 1L/min 光学粒子计数器。所谓空态指洁净室的设施已经建成，所有动力接通并运行，但无生产设备、材料及人员在场；静态指洁净室的设施已经建成，生产设备已经安装，并按业主及供应商同意的方式运行，但无生产人员；动态指洁净室的设施以规定的方式运行及规定的人员数量在场，生产设备按业主及供应商双方商定的状态下进行工作。

洁净室洁净度测量可执行国家标准《通风与空调工程施工质量验收规范》GB 50243 和《洁净室施工及验收规范》GB 50591。这里介绍《洁净室施工及验收规范》GB 50591 对洁净室洁净度检测评定的基本要求：

（1）采样测点数及布置

1）最少采样测点数 n_{min} 按公式（5-33）计算。

$$n_{min} = \sqrt{A} \tag{5-33}$$

式中　A——被测对象面积，m^2。

测点数 n_{min} 的小数一律进位为整数。被测对象面积 A，对于非单向流洁净室，A 指房间面积；对于单向流洁净室，指垂直于气流的房间截面积；对于局部单向流洁净区，指送风面积。测点数也可按规范《洁净室施工及验收规范》GB 50591 给出的选用表选用。每一受控环境的采样点不宜少于 3 点。对洁净度 5 级及以上的洁净室，应适当增加采样点，并应得到建设方同意且记录在案。

2）采样点布置

采样点应均匀分布于洁净室或洁净区的整个面积内，并位于工作区的高度（距地坪 0.8m 的水平面），或设计单位、业主特指的位置，当工作区分布于不同高度时，可以有 1 个以上测定面。乱流洁净室（区）内采样点不得布置在送风口正下方。

（2）最小采样量确定

每一测点每次采样必须满足最小采样量。最小采样量可由式（5-34）计算，也可直接查《洁净室施工及验收规范》GB 50591 给出的最小采样量表。

$$C_{i.min} = \frac{3}{V_x} \tag{5-34}$$

式中　$C_{i.min}$——每个采样点的每次最小采样量，L；

V_x——规范给出的级别浓度下限，粒/L。

最小采样量应至少为 2L。每个采样点采样次数应满足可连续记录 3 次稳定的相近数值，3 次平均值代表该点测得值，当采样量很大时，可使用顺序采样法。

（3）粒子计数器与采样操作

选用粒子计数器和进行采样操作，应符合以下要求：

1）使用的光学粒子计数器应经过标定，符合现行国家标准《尘埃粒子计数器性能试验方法》GB/T 6167 的规定。

2）对洁净度为 6 级及以上的洁净室测定，应采用不小于 28.3L/min 的粒子计数器，使用时水平管不应长于 0.5m。

3）对其他级别洁净室应采用不小于 2.83L/min 的粒子计数器，使用时原则上不应有水平管。

4）采样时采样口处的气流速度，应尽可能接近室内的设计气流速度；对单向流洁净室，其粒子计数器的采样管口应迎着气流方向；对于非单向流洁净室，采样管口宜向上。

5）尘埃粒子计数器组件应使用浓度 75% 的酒精（或专用清洁剂）擦拭干净，再经紫外线照射 30min 后传入洁净区。采样管必须干净，连接处不得有渗漏。采样管的长度应根据仪器允许长度确定，如果无规定时，不宜大于 1.5m。

6）室内的测定人员必须穿洁净工作服，且不宜超过 2 名，并应远离或位于采样点的下风侧静止不动或微动。

（4）测量数据处理与评价

每个采样点的采样次数最少为 3 次，但各采样点的采样次数可以不同，在稳定运行条件下测定，每次测得数据均应记录在事先准备的记录表上。设每个采样点的平均粒子浓度为 C_i。$\overline{C_i}$ 是每个采样点连续 3 次或 3 次以上稳定记录的平均值。洁净度评定标准见表 5-5。

$\overline{C_i}$ 的算术平均值：

$$\overline{N} = \frac{\sum \overline{C_i}}{n} \tag{5-35}$$

各测点平均含尘浓度的标准误差：

$$\sigma_{\overline{N}} = \sqrt{\frac{\sum_{i=1}^{n} (\overline{C_i} - \overline{N})^2}{n(n-1)}} \tag{5-36}$$

式中　n——测点数。

洁净度评定标准 表 5-5

采样点数目	合格标准	结　论
1	$\overline{C_i} \leqslant$ 级别浓度上限	达到该级别
2～9	$\overline{C}_{max} \leqslant$ 级别浓度上限， $\overline{N} + t\sigma_{\overline{N}} \leqslant$ 级别浓度上限	达到该级别
≥10	$\overline{N} \leqslant$ 级别浓度上限	达到该级别

注：$\overline{C}_{max}$ 是各点平均值中的最大值。

t 是置信度上限为 95％时，2～9 点采样的单侧 t 分布的系数，见表 5-6。级别浓度上限可查《洁净室施工及验收规范》GB 50591。

系数 t　　　　　　　　　　　　　　　　　　　　　　　表 5-6

测点数	2	3	4	5～6	7～9	10～16	17～29	＞29
t	6.3	2.9	2.4	2.1	1.9	1.8	1.7	1.65

检测数据处理完毕后，可在测点平面图上标出各测点的最大值、最小值和平均值，若有超出的点应做明显标记。

洁净室综合效能测定的项目还有室内浮游菌和沉降菌检测、流线平行性检测和自净时间测定等，可阅读相关资料。

空调系统综合效能测定在竣工验收之后进行。空调工程的竣工验收主要检查工程的施工质量。系统综合效能测定同时也检查设计和制造质量。如果空调工程安装质量在全过程得到有效监控，当空调系统综合效能测定与调试无法实现设计要求时，其原因更可能出在设计或制造方面，但安装单位应配合分析问题，提出整改建议。综合效能测试合格后办理工程移交手续。

单　元　小　结

本单元介绍了空调风系统有关通风机、转轮式热交换器、转轮式除湿机，净化设备中空气吹淋室、风机过滤单元等单机试运行和高效过滤器检漏的工艺方法。

空调风系统风量测定与调整的目的是使系统送风量达到设计要求。风量调整可采用实测风量等比调整法和基准风量比例调整法。对有气流组织要求的房间和洁净室，应按设计要求和相关标准进行气流组织的测定与调整。洁净室还需进行洁净度等级、室内浮游菌和沉降菌检测，以及自净时间测定等，可执行《洁净室施工及验收规范》GB 50591 和阅读相关资料。

空调系统在设备单机及各子系统试运行调试合格后，需进行无生产负荷的联合试运行与调试。调试过程中需要对调节器的参数进行整定，使其与受控对象（如空调房间）的特性相匹配，以达到最佳的控制效果。在空调系统整定调试过程中暖通与控制技术人员应密切配合。

空调工程质量验收的检验批是工程质量验收的最小单元，是实体验收；分项工程、分部（子分部）工程是资料验收。工程质量检验评定给出"合格"或"不合格"结论；工程观感质量的验收给出"好"、"一般"、"差"的评介。

空调系统综合效能试验的测定与调整主要检查在带负荷条件下的空调系统运行情况，需由建设单位负责。试验测定与调整的项目应由建设单位根据工程性质、工艺和设计的要求进行确定。本单元重点介绍了热交换器设备容量、空调房间室温波动范围和区域温差，以及洁净室洁净度的测定与评价方法。

通过本单元的学习，可以较全面地理解空调风系统试运行调试、空调系统无生产负荷联合试运行与调试、空调工程质量验收程序与职责，以及空调系统综合效能试验测定与调整的基本知识。

思 考 题 与 习 题

1. 简述通风机试运行过程和检测项目。通风机试运行先"手动"的目的是什么？

2. 空气吹淋室起什么作用？在什么时候试运行？试运行时在进风口加装临时过滤装置的目的是什么？应在何时拆去？

3. 空气吹淋室试运行检测有哪些要求？

4. 高效过滤器安装前应做哪些工作？在什么时候安装？

5. 高效过滤器检漏应如何操作？宜在什么时候进行？对上风侧空气含尘有何要求？如何计算穿透率？

6. 简述实测风量等比调整法和基准风量比例调整法的操作过程。这两种方法是否有本质区别？

7. 使用毕托管、倾斜式微压计以及热球风速仪时应如何防止产生测量误差？

8. 测试和调整一般空调系统新风量、送风量、回风量、排风量，对测得值有何要求？

9. 如何测量和计算单向流洁净室的送风量？对净化空调系统的总风量调试结果有何要求？

10. 空调系统无负荷联合试运行与调试之前要完成哪些工作？

11. 如何测量冷却和加热装置的容量？参照书中式（5-32），推导热媒为蒸汽时的加热器在设计条件下加热量计算公式。

12. 简述空调定露点系统自动控制局部调试的方法，如何加干扰检验调节品质？

13. 空调系统竣工验收工作由谁负责组织？主要验收内容分哪两部分？

14. 空调系统综合效能测定工作由谁负责组织？其测定目的是什么？

15. 在倾斜式微压计玻璃管上估读误差为 0.25mm，$K = 0.6$，风管内风速 $v = 5\text{m/s}$。问测动压时，读数误差占总测值的百分比是多少？

16. 下图是恒温恒湿房间某水平面温差图，共 12 个测点，格中上下值分别为该点最高和最低温度值。若允许波动范围是 $\pm 0.2℃$，控制点温度为 20.20℃，问该测量平面温度波动范围是否符合要求？

20.21	20.22	20.30	20.41
20.04	20.13	20.19	20.21
20.18	20.20	20.28	20.39
20.03	20.11	20.19	20.19
20.17	20.19	20.28	20.39
20.03	20.11	20.18	20.18

17. 针对同侧设置侧送、侧回风房间，试设计沿纵剖面测量气流流型和速度分布图的工艺方法，并绘制纵剖面气流流型和速度分布示意图，加以说明。

18. 已知喷水室前测量截面空气状态 1：$t_1 = 27.2℃$，$t_{s1} = 21.4℃$，$P_{j1} = 94.57\text{kPa}$；后测量截面状态 2：$t_2 = 14.8℃$，$t_{s2} = 13.7℃$，$P_{j2} = 94.49\text{kPa}$，湿空气体积流量为 L_2。状态 1 和 2 的湿球温度在标准大气压力时的饱和水蒸气分压力分别为 2.550kPa 和 1.568kPa。当地大气压力 $B = 94.8\text{kPa}$，喷水室底池水温 $t_{w2} = 12.4℃$。试计算表中相关参数。

计算数据表

参数	d_{s1} (kg/kg)	d_1 (kg/kg)	h_1 (kJ/kg)	ρ_1 (kg/m³)	d_{s2} (kg/kg)	d_2 (kg/kg)	h_2 (kJ/kg)	Q_a (kW)
结果								

教学单元 6　空调系统运行与维护

【教学目标】通过本单元教学，使学生掌握投入使用后空调系统及制冷机组的运行与管理基础知识，具备投入使用后空调系统及制冷系统的节能运行、日常维护与故障分析的技能。

6.1　空调运行管理的意义

6.1.1　空调运行管理的意义

空调运行管理是指为了维护空调系统的正常运行、满足空调用户的使用要求和节能要求而对空调系统进行运行调试操作和维护保养的工作。

空调系统是由很多设备组成的一个复杂的系统。要使空调系统满足用户对热湿环境的需求，同时又实现使用寿命、经济节能等技术指标，就需要对系统中各个设备的运行状态进行调节与监控，即对整个空调系统进行运行管理。可以说，空调系统的运行管理也是实现空调设计目标的重要手段。空调系统运行管理的重要性可以从以下几方面体现：

1. 是保证空调系统良好技术性能的需要

空调系统长时间连续工作，其间一些设备和部件不可避免地会出现运行质量问题，如润滑不良、连接松动、介质泄漏、线路老化等等，需要由值班人员巡视检查得以发现和及时处理，防止酿成大的事故。良好的日常检查与维护保养工作可以延长设备使用寿命。

2. 是保证空调系统安全运行的需要

空调系统中某些设备（如制冷机）必须在一定的条件下才能安全可靠运行，但是由于设备在实际的运行过程中，有可能超出其安全运行工况，对于这种情况，除了依靠设备本身的自动控制系统工作外，有时也需要人工处理。另外，空调系统运行中可能会遇突发事故，如停电、停水、火警，某台设备和部件突发的严重故障，或者是服务对象出现问题需要空调系统停机等等，由值班人员及时采取紧急措施，可以对系统设备起到安全保护作用。

3. 是空调系统节能运行的需要

用户都希望空调系统在满足使用要求的前提下节能运行，而空调系统的运行调节是实现节能运行的重要手段之一，只有在运行管理中，根据外界条件的变化随时调整运行方案，才能真正实现空调系统的节能运行。同时，完善的运行管理也可以降低系统设备的维修费用。

6.1.2　空调系统日常运行管理概述

空调系统的日常运行管理主要包括运行前的检查和准备工作、空调系统的启动和停机操作、安全运行管理与维护、停机后的维修与保养等工作内容，这些工作内容主要靠制度来实施。空调运行管理有如下一些制度来保障空调系统的正常运行。

1. 运行前的检查和准备工作制度

主要有：风机的检查和准备工作；制冷机组的检查和准备工作；冷却塔的检查和准备工作；水泵的检查和准备工作等内容。

2. 启动和停机的程序制度

主要有：空调系统的启动程序和方法，以及启动过程中机组正常工作的标志；停机的程序和方法，包括短期停用和长期停用的停机操作方法，长期停机的保养方法；事故紧急停机处理程序和方法，以及事故紧急停机的善后处理工作等内容。

3. 空调运行的值班制度

主要有：对机组的运行参数进行记录和数据处理；运行过程中的巡查内容和发现异常情况的处理措施；运行中的调整工作和运行中的经常性维护工作等内容。

4. 空调运行的交接班制度

主要有：交接介绍当班任务、设备运行情况和用户的需求；检查操作运行记录和有关工具及用品；检查工作环境和设备运行状况等内容。

5. 人员管理制度

主要有：各级各类人员的岗位职责；包含节能运行在内的业务学习与培训制度。操作人员必须经过培训和考核，持证上岗等内容。

6. 定时维修制度

主要有：按期对设备进行大、中、小修的计划、内容、周期等；空调系统可以利用停机季节进行检修，检修应有完整记录等内容。

7. 节能运行检查与维护保养制度

主要有：巡回检查的时间、内容和要求；空调设备和空调系统的常规维护保养制度等内容。节能运行检查和维护保养应有完整的记录。

8. 节能运行制度

主要有：节能监控与记录；节能运行策略等内容。

本单元主要介绍空调系统日常运行管理的基本知识。由于各个空调系统的用途、规模和技术性能并不一样，运行管理制度的内容不一定完全相同。可以根据空调系统的特点和本单位的管理能力，制定出合适的空调系统运行管理制度，以保证空调系统安全、节能运行。

6.2 空调系统运行与管理

6.2.1 空调系统的运行管理

1. 空调系统启动前的准备工作

（1）设备检查：检查电机、风机、加热器、水泵、表冷器或喷水室、冷却塔等设备，确认其技术状态良好，处于待运行状态。

（2）管路系统检查：检查各管路系统连接处的紧固和严密程度，不得有松动、泄漏现象。管路支架稳固可靠。系统中所有调节阀、启闭阀均应工作可靠，处于正确位置。

（3）润滑系统检查：检查各设备的润滑情况，若发现润滑不良应及时润滑。

（4）自动控制与调节系统检查：检查系统中的各类传感器、变送器、调节器、调节执行机构及报警系统等，确认其工作灵敏可靠；根据室外空气状态参数和室内空气状态参数的要求，调整好温度、湿度等自动控制与调节装置的设定值与幅差值。

（5）供配、电系统检查：电压是否正常，保证按设备要求正确供电。

（6）检查各种安全保护装置的工作设定值是否在规定的范围内。

（7）集中供热、供冷系统的供热、供冷参数应符合要求。

（8）节能运行的监控系统和设备工作应正常。

（9）检查冷却水系统和冷冻水系统的水是否充满。

（10）查看上一班空调系统的运行记录。

2. 空气调节系统的启动

空调系统的启动包括风系统和冷、热源系统的启动等。首先要确保供、配电网运行良好。然后可按冷却水系统—冷冻水系统—主机的顺序启动各系统。为防止风机启动时其电机超负荷，在启动风机前，最好先关闭风道总阀，待风机运行起来后再逐步开启到原位置。在启动过程中，只能在一台设备电机运行正常后才能再启动另一台，以防供电线路因启动电流太大而跳闸。风机启动的顺序是先开送风机，后开回风机，以防空调房间内出现负压。全部设备启动完毕后，应仔细巡视一次，观察各种设备运转是否正常。

3. 空调系统的运行管理

（1）空调系统的运行节能巡回检查和周期性节能检查

空调系统进入正常运行状态后，应进行以看、听、摸、嗅为主要检查方式的节能巡回检查和周期性节能检查，并填写相应的检查记录。按以下项目做节能巡回检查：

1）空调房间巡回检查

检查空调房间的外门窗是否开启或关闭不严；外门是否频繁开启；无人停留的房间空调是否关闭；房间空调温度的设置情况。

2）仪表的巡检

检查空调系统的压力表、流量计、温度计、冷（热）量表、电表、燃料计量表等仪表外观情况和铅封情况，是否在检定合格有效期内，读数是否处于正常范围。

3）空调设备、管道、阀门和附件的巡回检查

① 水管系统的巡检

检查水管的绝热层、表面防潮层及保护层情况：有无破损和脱落，是否有结露、漏水、接缝处胀裂和开胶等现象。

检查水管上阀门、附件的情况：是否有漏水，自动排气阀动作是否正常；电动或气动调节阀的调节范围和指示角度是否与阀门开启角度一致。

检查膨胀水箱、补水箱、软化水箱情况：水箱中的水位是否适中，浮球阀动作是否灵活和出水是否正常。

检查支吊构件情况：支吊构件是否有变形、断裂、松动、脱落和锈蚀。

② 风管系统的巡检

检查漏风情况：风管法兰接头和风机及风柜等与风管的软接头处、风阀拉杆或手柄的转轴与风管结合处是否漏风。

检查明装风管的绝热层、表面防潮层及保护层情况：有无破损和脱落；接缝的胶带有无胀裂、开胶的现象。

③ 空调设备的巡检

检查空调各设备的运转是否平稳，有无异常声音和振动；各设备的电气、自控系统动作是否正常；各设备的进出水管接头有无漏水，阀门的开度在设定位置有无偏移；冷却塔和水箱等用水和储水设备的水位是否适中，有无缺水或溢水现象。

④ 风机的巡检

检查风机电机的工作电流、温升、有无异味产生、轴承润滑、轴承的温度和温升情况、运转声音和振动情况、转速情况、软接头完好情况。

⑤ 水泵的巡检

检查水泵的工作电流、转速、油位、声音、振动和固定情况；电机的温升，有无异味产生；轴承的润滑情况，轴承的温度和温升情况；轴封处、管接头的密封情况。

⑥ 冷却塔的运行检查

检查冷却塔的水位、水质、声音、振动、漂水和漏水情况；补水浮球阀开关是否灵敏。

周期性节能检查按以下项目进行：

1）定期检查空调房间的温控开关动作是否正常或控制失灵；风机盘管的风量调节开关是否正常。

2）定期检查空调系统的压力表、流量计、温度计、冷（热）量表、电表、燃料计量表，是否损坏、是否在检定有效期内，读数是否准确。

3）定期检查明装风管和水管的绝热层、表面防潮层及保护层有无脱落和破损；封闭绝热层或防潮层接缝的胶带有无胀裂、开胶的现象。

4）定期检查风系统和水系统的阀门转动是否灵活，定位是否准确、稳固，是否关严、开到位或卡死。

5）定期检查制冷机组的换热器水侧表面的结垢状态，风冷式换热器表面的积尘状况，冷却盘管和加热盘管内外表面清洁状况。

6）定期检查空气过滤器的前后压差和积尘情况。

7）定期检查空调自控设备和控制系统的运行情况。

对上述各项检查内容，若发现异常应及时采取必要的措施进行处理，以保证空调系统正常工作。

（2）空调系统的运行调节

空调系统运行管理中很重要的一环就是运行调节。在空调系统运行中进行调节的主要内容有：

1）带手动控制加热器空调系统的运行调节，应根据被加热后空气温度与要求的偏差进行调节。

2）变风量空调系统的运行调节，在冬、夏季运行方案变换时，应及时对末端装置和控制系统中的冬、夏季转换开关进行运行方式转换。

3）露点温度控制空调系统的运行调节，应根据室内外空气条件，对所供水温、水压、水量、喷淋排数等进行调节。

4）适时进行运行工况转换调节，根据运行工况，结合空调室内外空气参数情况，适当地进行运行工况的转换，同时确定出运行中供热、供冷的时间。

5）既采用蒸汽（或热水）加热，又采用电加热器作为补充热源空调系统的运行调节，应尽量减少电加热器的使用时间，多使用蒸汽和热水加热装置进行调节。

6）节能运行调节，根据空调房间内空气参数的实际情况，在允许的情况下应尽量减少排风量，以减少空调系统的能量损失；在能满足空调房间内工艺条件的前提下，应尽量降低室内的正静压值，以减少室内空气向外渗透量，达到节省空调系统能耗的目的；空调系统在运行中，应尽可能地利用天然冷源，降低系统的运行成本。在冬季和夏季时可采用最小新风量运行方式。而在过渡季节中，当室外新风状态接近送风状态点时，应尽量使用最大新风量或全部采用新风的运行方式，减少运行费用。

4. 空调系统的停机

空调系统的停机分为正常停机和事故停机两种情况。

空调系统正常停机的操作要求是：接到停机指令或达到定时停机时间时，按照压缩机—冷冻水系统—冷却水系统—空调送回风系统的顺序停机。若空调房间内有正静压要求时，系统中风机的停机顺序为：排风机、回风机、送风机。若空调房间内有负静压要求时，则系统中风机的停机顺序为：送风机、回风机、排风机。待风机停止程序操作完毕之后，用手动或自动方式关闭系统中的风机负荷阀、新风阀、回风阀、一次和二次回风阀、排风阀、加热器和加湿器调节阀、冷冻水调节阀等阀门，最后切断空调系统的总电源。

在空调系统运行过程中若电力供应系统或控制系统突然发生故障，为保护整个系统的安全应做紧急停机处置，紧急停机又称为事故停机，其操作方法是：

（1）发生电力系统故障时操作方法：首先应迅速切断冷、热源的供应，然后切断空调系统的电源开关。待电力系统故障排除并恢复正常供电后，再按正常停机程序关闭有关阀门，检查空调系统中有关设备及其控制系统，确认无异常后再按启动程序启动运行。

（2）发生空调系统故障时的操作方法：当空调系统发生如设备无法打开、关闭、停止运转等设备故障或系统漏水、漏气等系统故障时，首先切断冷、热源的供应，然后按正常停机操作方法使系统停止运行。

（3）发生火灾事故时的操作方法：若在空调系统运行过程中，报警装置发出火灾报警信号，值班人员应迅速判断出发生火情的部位，立即停止有关风机的运行，并向有关单位报警。为防止意外，在灭火过程中按正常停机操作方法，使空调系统停止工作。

5. 空调系统运行中的交接班制度

当空调系统运行时，必须有工作人员值班监控。空调系统运行的好坏不仅直接影响到用户的需要，而且对于节能运行也有极大影响。运行得好，既满足用户要求，又能节省运行费用。运行不好，则可能满足了用户要求但运行费用增高，或既没能满足用户要求，又不能节能运行。影响运行质量的因素很多，如系统与设备的状况、工作人员的责任心和技术水平、值班质量等等。如果能保证值班质量，不仅运行质量有了基本保证，而且系统与设备的维护保养、运行资料的积累、运行环境的保洁、事故或故障隐患的及时发现、突发事故的处理、系统的安全及节能运行等都有了保证。为保证值班质量，必须有相应的制度来配合。

空调系统交接班制度应包括下述内容：

（1）接班人员应按时到岗，若接班人员因故没能准时接班，交班人员不得离开工作岗位，应向主管领导汇报，待有人接班后方可离开。

（2）交接班双方按职责范围共同巡视检查主要设备，核对交班前的最后一次记录数据。

（3）交班人员应如实向接班人员说明以下内容：

1）系统中各子系统、仪器和设备的运行情况。

2）各系统的运行参数及空调房间的温度。

3）冷、热源的供应和电力供应情况。

4）系统的能耗情况。

5）当班运行中所发生的异常情况及原因和处理结果。

6）运行中遗留的问题，需下一班次处理的事项。

7）上级的有关批示，生产调度情况，值班记录等。

（4）值班人员在交班时若有交接班时间以前发生的能耗大的问题，有需要及时处理或正在处理的运行事故，必须在处理结束后方可交班。

（5）接班人员在接班时除应向交班人员了解系统运行的各参数外，还应把交班中的疑点问题弄清楚后方可接班。

（6）如果接班人员没有进行认真的检查询问了解情况而盲目接班，在上一班次出现的所有问题，包括事故，均应由接班者负全部责任。

6. 空调系统的节能维护保养

空调系统的节能维护保养包括水系统、风系统管道和阀门的维护保养，空调测控系统的维护保养等内容。

（1）水系统的节能维护保养

水系统的节能维护保养包括冷冻水、冷却水和凝结水管系统的管道和阀门的维护保养等内容。按照保养的周期可分为日常维护保养和定期维护保养两类。

1）日常维护保养

① 及时修补水系统破损和脱落的绝热层、表面防潮层及保护层，更换胀裂、开胶的绝热层或防潮层接缝的胶带。

② 及时封堵、修理和更换漏水的设备、管道、阀门及附件。

③ 及时疏通堵塞的凝结水管道。

④ 及时检修动作不灵敏的自动阀门和清理自动排气阀门的堵塞。

2）定期维护保养

① 每半年对冷冻（热）水管道、冷却水管、凝结水管系统的管道和阀门进行一次维护保养；具体的维护保养内容如下：

修补或重作水系统的管道和阀门处破损的绝热层、表面防潮层及保护层；更换胀裂、开胶的绝热层或表面防潮层接缝的胶带。

从接水盘排水口处用加压清水或药水冲洗凝结水管路。

检查修理或更换动作失灵的自动阀门，如止回阀和自动排气阀。

② 每三个月清洗一次水泵入口处过滤器的过滤网，若破损要更换。

③ 每半年对中央空调水系统所有阀类进行一次维护保养；进行润滑、封堵、修理或更换。

（2）风系统的节能维护保养

风系统的节能维护保养包括风系统管道和阀门的维护保养等内容。

1）每三个月修补一次风系统破损和脱落的绝热层、表面防潮层及保护层，更换胀裂、开胶的绝热层或表面防潮层接缝的胶带。

2）每三个月对送回风口进行一次清洁和紧固，每两个月清洗一次带过滤网风口的过滤网。

3）每三个月对风系统的风阀进行一次维护保养，检查各类风阀的灵活性、稳固性和开启准确性，进行必要的润滑和封堵。

4）空调测控系统的节能维护保养

① 及时修理或更换动作不正常或控制失灵的温控开关。

② 及时维修或更换损坏的压力表、流量计、温度计、冷（热）量表、电表、燃料计量表等计量仪表，缺少的应及时增设。

③ 每半年对控制柜内外进行一次清洗，并紧固所有接线螺钉。

④ 每年校准一次检测器件（温度计、压力表、传感器等）和指示仪表，达不到要求的更换。

⑤ 每年清洗一次各种电气部件（如交流接触器、热继电器、自动空气开关、中间继电器等）。

6.2.2 风机盘管机组的运行管理

1. 风机盘管机组的局部调节方法

风机盘管空调系统在设计时，一般是根据空调房间在最不利条件下的最大冷（热）负荷来选择风机盘管机组。但风机盘管机组在实际运行中，由于室内、外热湿环境均在发生不断变化，因此，风机盘管机组冷（热）负荷的调节方法有两种：一是根据使用情况（空调房间内的温、湿度，主要是温度情况），利用风机盘管机组的高、中、低三档风量调速装置，改变风机盘管的空气循环量，来满足空调房间内空气状态的调节要求；二是通过自动或手动控制方式，调节通过风机盘管机组的冷（热）水流量或温度，实现对供冷（热）量的调节，以满足空调房间的需要。

（1）风量调节

风量调节是改变风机盘管中风机的转速来调节送风量的调节方式。有三速手动调节和无级自动调节两种调节方法。

1）三速手动调节

风机盘管设有高、中、低三挡风量手动调节开关。空调房间的使用者根据自己的主观感觉和愿望来选择风机盘管的送风挡。这种调节方式属于阶梯形的粗调节方法，室内温度、湿度波动较大，对室内冷（热）负荷变化的适应性较差。

2）无级自动调节

无级自动调节是通过电子温控器来实现对风机盘管送风量的自动控制和无级调节。电子温控器根据空调房间使用者设定的室温值与适时检测的室温值进行对比，得到温度偏差来自动调节风机盘管的输入电压，对风机的转速进行无级调节。温差越大，风机转速越高，送风量越大，反之则送风量越小，使室温控制在设定的波动范围内。这种调节方式属于比较平滑的细调节方法，室内冷（热）负荷变化的适应性较好。

风量调节的特点是调节简单，操作方便，容易实现，但在风量过小时会使室内速度场和温度场不均匀，在夏季还会因送风量太小、送风温度过低造成风机盘管的外壳表面和金属送风口结露现象。

（2）水量调节

水量调节是改变风机盘管进水管上的二通或三通电动调节阀来调节进入盘管水量的调节方式。

风机盘管进水管上的比例式电动二通阀或三通阀受空调房间内的温控器控制，阀门的开度随着室内冷（热）负荷的增大而增大，从而增大进入风机盘管内的冷（热）水量，以适应室内冷（热）负荷的变化，保持室温在设定的波动范围内。由于此类阀门价格高、构造复杂、易堵塞、有水流噪声，因此极少使用。

在实际工程中，风机盘管大量采用的是风量和水量相结合的调节方式，即在风量调节的同时，在风机盘管的进水管上装一个二通电磁阀，电磁阀受空调房间内温控器的控制，电磁阀根据风机盘管是否使用或室温是否达到设定的温度值来控制水路的通断。

2. 风机盘管加独立新风系统的运行调节

风机盘管加独立新风系统按新风是否承担室内负荷可分为新风系统承担部分室内负荷系统和新风系统不承担室内负荷的系统两类。

（1）新风系统承担部分室内负荷的调节方法

空调房间的冷热负荷可分为瞬变负荷和渐变负荷两部分。

瞬变负荷主要是室内人员、灯具、设备散热和太阳辐射热所形成的负荷。这部分负荷与空调房间内的人员、设备使用情况等有关，每个空调房间负荷均不同，因此由风机盘管来承担瞬变负荷，空调房间的使用者改变风机盘管的温度设定值或送风挡位来进行调节。

渐变负荷主要是在室内外温差作用下，通过房间围护结构传入室内的热量所形成的负荷。这部分负荷与室内外温度有关，每个空调房间负荷基本一样。因此由新风系统来承担渐变负荷，空调机组运行管理人员根据渐变负荷变化情况通过调节新风机来相适应。

（2）新风系统不承担室内负荷的调节方法

由于新风系统不承担室内负荷，空调房间的瞬变负荷和渐变负荷均由风机盘管承担。对于普遍使用双管制的风机盘管机组，空调机组运行管理人员根据室外气象条件的变化情况集中调节冷（热）源的供水温度，将新风温度处理到和室温相同时即可，而每个空调房间的负荷调节依靠风机盘管的局部调节来满足室内温、湿度的要求。

3. 风机盘管机组的运行管理

（1）机组夏季供给的冷冻水温度应不低于 7℃，冬季供给的热媒水温度应不高于 65℃，水质要清洁、软化。

（2）机组运行前应将回水管上放气阀打开，待机组盘管中及系统管路内的空气排干净后再关闭放气阀。

（3）风机盘管机组中的风扇电机轴承因采用双面防尘盖滚珠轴承，组装时轴承已加好润滑脂，因此使用过程中不需要定期加润滑脂。

（4）装有温控器的机组，在夏季使用时应将控制开关调整至夏季控制位置，而在冬季使用时，再调至冬季控制位置。

4. 风机盘管的节能维护保养

（1）日常维护保养

1）温控开关动作不正常或控制失灵要及时修理或更换。

2）电磁阀开关的动作不正常或控制失灵要及时修理或更换。

3）每三个月清洗一次空气过滤网。

4）水管接头或阀门漏水要及时修理或更换。

5）水管、风管绝热层损坏要及时修补或更换。

6）及时排除风机盘管内积存的空气。

（2）定期维护保养

1）每半年对风机盘管进行一次清洁、维护保养，如果风机盘管只是季节性使用，则在使用结束后进行依次清洁保养。

2）清洁维护保养的内容：

① 吹吸、清洗空气过滤网，冲刷、消毒接水盘，清洗风机风叶、盘管上的污物；清除盘管内壁的污垢；清洁风机盘管的外壳。

②盘管肋片有压倒的用专用工具梳好。

3）检查风机转动是否灵活，如果转动中有阻滞现象，则应加注润滑油，如有异常的摩擦响声应更换风机的轴承。

4）对风机的电机，用500V摇表检测线圈绝缘电阻，应不低于0.5MΩ，否则应作干燥处理或更换，检查电容是否变形，如有变形则应更换同规格电容，检查各接线头是否牢固。

5）拧紧所有的紧固件。

（3）停机时的维护保养

1）风机盘管不使用时，盘管内要保证充满水，以减少管道腐蚀。

2）在冬季不使用的盘管，且无供暖的环境下要采取防冻措施，以免盘管冻裂。

6.2.3 风机的运行管理

1. 风机的启动操作

（1）风机启动前的检查

1）检查准备加入的润滑油脂的名称、型号是否与要求一致，按规定的操作方法向风机注油孔内加注额定量的润滑油。

2）检查风机与电机带轮（联轴器）中心是否在允许偏差范围内，用手盘动风机的传动皮带或联轴器，以检验风机叶轮是否有卡住或摩擦现象。

3）检查风机机壳内、皮带轮罩等处是否有影响风机转动的杂物，以及皮带的松紧程度是否适合。

4）检查风机及电机的地脚螺栓是否有松动现象。

5）用点动方式检查风机的转向是否正确。

6）关闭风机的入口阀或出口阀，以减轻风机的启动负荷。

7）电机的接地应符合安全规程的要求。

8）检查柔性软管是否严密。

（2）风机的启动操作

1）风机启动前，应关闭风机的入口阀或出口阀。

2）按启动顺序逐台启动风机。

3）启动后逐步调整风阀至正常工作位置，以防止启动电流过大导致烧坏电机。

4）风机启动时，用电流表测量电机的启动电流是否符合要求。待运转正常后，测量电机的电压和电流，检查各相之间是否平衡。如电流超过额定值时，应关小风量调节阀，直至达到或略小于额定电流值。

2. 风机停机操作

风机的停机分为正常停机和紧急停机两类。

（1）正常停机

关小进风调节阀，按停止按钮，并注意停机过程中有无异常现象。停机后应关闭风阀，避免下次启动时风机过载。

（2）紧急停机

风机在运行过程中，遇有下列情况之一时，应立即紧急停机。

1）离心风机突然发生强烈振动，并已超过跳闸值。

2）机体内部有碰剐或者不正常摩擦声音。

3）轴承或密封处出现冒烟的现象，或者某一轴承温度急剧上升到报警值。

4）轴位移值出现明显的持续增长，达到报警值时。

紧急停机的操作就是按下主电机停机按钮，然后再进行停机后的善后处理工作。

3. 风机运行中的监测

（1）在风机运转中，用金属棒或螺丝刀仔细触听轴承内部有无杂音，以此来检查轴承内是否有脏物或零件损坏。

（2）用温度计测量轴承表面温度，不应超过设备技术文件或施工验收规范的规定。

（3）用转速表测定风机转速，转速应符合设备技术文件的规定。

（4）测定电机的温升时，将温度计插入电机检查孔内察看读数。一般电机内部温度应等于温度计读数加10℃，并不得大于电机的最大允许温度。

（5）风机运转正常后，要检查电机、风机的振幅大小，声音是否正常，整个系统是否牢固可靠。各项检查无误后，经运转8h即可进行调整测定工作。

（6）检查风机和电机在运行中是否有异味产生。

（7）在风机运转过程中如发现不正常现象时，特别是运转电流过大、电压不稳、异常振动或有焦煳味时，应立即停机检查，查明原因并消除或处理后，再行运转。风机经运转检查正常后，可进行连续运转。

（8）风机运转正常后，应对风机的转速进行测定，并将测量结果与风机铭牌或设备技术文件规定的参数进行核对，以保证风机的风压和风量满足设计的要求。

4. 风机的运行调节

风机的运行调节主要是改变其输出的空气流量，以满足相应的变风量要求。调节方式可以分为两大类：一类是改变转速的变速调节，一类是转速不变的恒速调节。

（1）风机变速风量调节

风机变速风量调节实质上是改变风机性能曲线的调节方法。改变风机转速的方式很多，但常用的主要是改变电机转速和改变风机与电机间的传动关系。

1）改变电机转速

常用的电机调速方法按效率高低顺序排列有：

① 变极对数调速；

② 变频调速、串级调速、无换向器电机调速；

③ 转子串电阻调速、转子斩波调速、调压调速、涡流（感应）制动器调速。

2）改变风机与电机间的传动关系

即改变传动比，达到风机变速的目的。常用的方法有：

① 更换皮带轮；

② 调节齿轮变速箱；

③ 调节液力耦合器。

①和②两种调节方法显然是不能连续进行的，需要停机，其中更换皮带轮调节风量更麻烦，需要对传动部件进行拆装。液力耦合器倒是可以根据需要随时进行风量的调节。

（2）风机恒速风量调节

风机恒速风量调节是保持风机转速不变的风量调节方式，其主要方法有改变叶片角度和调节进口导流器两种。

1）改变叶片角度

改变叶片角度只适用于轴流风机的定转速风量调节。通过改变叶片的安装角度，使风机的性能曲线发生变化，这种变化与改变转速的变化特性很相似。由于叶片角度通常只能在停机时才能进行调节，调起来很麻烦，而且为了保持风机效率不致太低，叶片角度的调节范围较小，再加上小型轴流风机的叶片一般都是固定的，因此该调节方法的使用受到很大限制。

2）调节进口导流器

调节进口导流器是通过改变安装在风机进风口的导流器叶片角度，使进入叶轮的气流方向发生变化，从而使风机性能曲线发生改变的定转速风量调节方法。导流器调节主要用于轴流风机，并且可以进行不停机的无级调节。从节能的情况来看，虽然不如变速调节，但比阀门调节要有利得多；从调节的方便和适用情况来看，又比风机叶片角度调节优越得多。

5. 风机的节能维护保养

（1）节能维护保养

1）定期用仪器测量风量和风压，确保风机处于正常工作状态。

2）观察皮带的松紧程度是否合适。用测量仪表检查风机主轴转速是否达到要求，若转速不足则可能是皮带松弛，应及时调整更换。用钳形电流表检查电机三相电流是否平衡。

3）按设备技术文件的规定，定期向风机轴承内加入润滑油脂。

4）经常检查风机进、出口法兰接头是否漏风。若发现漏风，应及时更换垫料堵上。

5）经常检查风机及电机的地脚螺栓是否紧固，减振器受力是否均匀，压缩或拉伸的距离是否都在允许范围内，有问题及时调整和更换。

6）检查风机叶轮与机壳间是否有摩擦声，叶轮的平衡性是否良好。风机的振动与运转噪声是否在允许的范围内。

7）随时检测风机轴承温度，不能使温升超过规定值。

（2）风机的定期维护保养

1）连续运行的带传动风机，每月应停机检查调整一次皮带的松紧度，间歇运行的风机，在停机不用期间一个月进行一次检查调整。

2）检查、紧固风机与基础或机架、风机与电机，以及风机自身各部分连接松动的螺栓、螺母。

3）调整、更换减振装置。

4）常年运行的风机，每半年更换一次轴承的润滑脂，季节性使用的风机，每年更换一次轴承的润滑油。

6.2.4 水泵的运行管理

1. 水泵检查

水泵启动时必须充满水，运行时又与水长期接触，由于水质的影响，使得水泵的工作条件比风机差，因此其检查的工作内容比风机多，要求也比风机高一些。

对水泵的检查，根据检查的内容所需条件以及侧重点的不同，可分为启动前的检查与准备、启动检查和运行检查三部分。

（1）启动前的检查与准备

当水泵停用时间较长，或在检修及解体清洗后准备投入使用之前，必须要在开机前做好以下检查与准备工作：

1）检查水泵轴承的润滑情况，润滑油应充足、良好。

2）检查水泵及电机的地脚螺栓与联轴器螺栓是否有脱落或松动现象。

3）检查水泵及进水管部分是否全部充满了水，当从手动放气阀连续有水流出时即可认为全部充满了水。如果也能将出水管充满水，则更有利于一次开机成功。在充水的过程中，要注意排放空气。

4）检查轴封是否有漏水情况。

5）关好出水管的阀门，以有利于水泵的启动。如装有电磁阀，手动阀应开启。电磁阀为关闭的，同时要检查电磁阀的开关是否动作正确、可靠。

6）对卧式泵，要用手盘动联轴器，看水泵叶轮是否能转动，如果转不动，要查明原因，消除隐患。

（2）启动检查

启动检查是启动前停机状态检查的延续，主要检查水泵"动"起来的故障。例如，泵轴（叶轮）的旋转方向就要通过点动电机来观察泵轴的旋转方向是否正确、转动是否灵活。以 IS 型水泵为例，正确的旋转方向为从电机端往泵方向看泵轴（叶轮）是顺时针方向旋转。如果旋转方向相反要改过来；转动不灵活要查找原因，使其变灵活。

（3）运行检查

水泵有些问题或故障在停机状态或短时间运行时是不会出现或产生的，必须运行较长时间才能出现或产生。因此，运行检查是检查工作中不可缺少的一个重要环节。同时，这种检查的内容也是水泵节能日常运行时需要运行管理人员经常关注的常规检查项目，应给予充分重视。

1）电机不能有过高的温升，无异味产生。

2）轴承润滑良好，轴承的最高温度符合设备技术文件的规定。

3）轴封处（除规定要滴水的形式外）、管接头（法兰）均无漏水现象。

4）运转声音和振动正常。

5）地脚螺栓和其他各连接螺栓的螺母无松动。

6）减振装置受力均匀，进出水管处的软接头无明显变形，都起到了减振和隔振作用。

7）转速在规定或调控范围内。

8）电机的电流数值在正常范围内。

9）压力表指示正常且稳定，无剧烈抖动。

10）出水管上压力表读数与工作过程相适应。

11）观察油位是否在视油镜标识范围内。

2. 运行调节

水泵的运行调节主要是围绕改变水泵的输出水流量以适应负荷变化的需要进行的。因此可以根据情况有以下三种基本调节方式：

（1）水泵转数调节；

（2）并联水泵台数调节；

（3）并联水泵台数与转数的组合调节。

在水泵的日常运行调节中还要注意两个问题：一是在出水管阀门关闭的情况下，水泵的连续运转时间不宜超过 3min，以免水温升高导致水泵零部件损坏；二是当水泵长时间运行时，应尽量保证其在铭牌规定的流量和扬程附近工作，使水泵在高效率区运行，以获得最大的节能效果。

3. 水泵的节能维护保养

（1）日常维护保养

1）及时处理日常巡检中发现的水泵运行问题。

2）及时向水泵轴承加润滑油。

3）及时压紧或更换轴封。

（2）定期维护保养

1）使用润滑油润滑的轴承每年清洗、换油一次；采用润滑脂润滑的轴承，在水泵使用期间，每工作 2000h 换油一次。

2）每年对水泵进行一次解体的清洗和检查、清洗泵体和轴承，清除水垢，检查水泵的各个部件。

（3）停机时保养

水泵停用期间，环境低于 0℃时，应将泵内的水全部放干净，以免水的冻胀作用胀裂泵体。

6.2.5 冷却塔的运行管理

1. 冷却塔的检查

（1）运行前的检查与准备

当冷却塔停用时间较长或在全面检修清洗后重新投入使用前，必须要做的检查与准备工作内容如下：

1）检查所有连接螺栓的螺母是否有松动。特别应重点检查风机系统部分，以免因螺栓的螺母松动，在运行时造成重大事故。

2）检查并清理冷却塔内部的树叶、废纸、塑料袋等杂物，检查冷却塔中的填料是否损坏。

3）采用皮带传动的冷却塔，应检查皮带的松紧是否合适，每根皮带的松紧程度是否相同。如果不相同就应换成相同的，以免影响风机转速，加速皮带的损坏。

4）采用齿轮减速装置传动的冷却塔，应检查齿轮箱内润滑油是否充满到规定的油位。如果油不够，应补加同型号的润滑油到规定油位。

5）检查各管路是否都已充满了水，各手动水阀是否开关灵活并设置在要求的位置上。

6）检查风机电机的绝缘情况和防潮情况是否符合规定。

7）拨动风机叶片，检查叶片尖与塔体内壁的间隙是否均匀合适，旋转是否灵活。

8）对于叶片角度可调的风机，应根据需要检查和调整风机的各叶片角度，并保证一致。

9）检查圆形塔布水装置的布水管管端与塔体的间隙是否均匀合适。

10）检查淋水管上的喷头是否堵塞。

11）开启手动补水管的阀门，与自动补水管一起将冷却塔集水盘（槽）中的水尽量注满（达到最高水位），以备冷却塔填料由干燥状态到正常润湿工作状态要多耗水量之用。同时检查集水盘（槽）是否漏水，有漏水时则补漏。检查自动浮球阀的动作是否灵活、控制水位是否准确。

12）检查水泵是否转动灵活、轻松，轴承的润滑情况是否良好。

（2）启动检查

启动检查是运行前检查与准备的延续，主要检查冷却塔"动"起来的故障，其主要检查内容如下：

1）短时间启动水泵，看圆形塔的布水装置的转向和转速是否符合规定。

2）短时间启动水泵，检查出水泵的出水管是否充满了水，如果没有，则连续几次间断地短时间启动水泵，以赶出空气，让水充满出水管。

3）短时间启动水泵，注意检查集水盘（槽）内的水是否会出现抽干现象。因为冷却塔在间断了一段时间再使用时，布水装置流出的水首先要使填料润湿，水层达到一定厚度后，才能汇流到塔底部的集水盘（槽）。在下面水陆续被抽走，上面水还未落下来的短时间内，集水盘（槽）中的水不能被抽干，以保证水泵不发生空吸现象。

4）通电检查供回水管上的电磁阀动作是否正常，如果不正常就要修理或更换。

（3）运行检查

运行检查的内容，既是运行前检查和启动检查的延续，也是冷却塔日常运行时的常规检查项目，要求运行管理人员经常检查。

1）冷却塔所有连接螺栓的螺母是否有松动。特别是风机系统部分，要重点检查。

2）浮球阀开关是否灵敏，集水盘（槽）中的水位是否合适。

3）圆形塔布水装置的转速是否稳定、均匀，是否有部分出水孔不出水。

4）矩形塔的配水槽（又叫散水槽）内是否有杂物堵塞散水孔，槽内积水深度符合要求。

5）集水盘（槽）、各管道的连接部位、阀门是否漏水。

6）塔内各部位是否有污垢形成或微生物繁殖，特别是填料和集水盘（槽）里，如果有则要加入水垢抑制剂或防藻剂，做好水质处理工作。

7）是否有异常声音和振动。

8）有无明显的飘水现象。

9）对使用齿轮减速装置的传动机构，齿轮箱是否漏油，油位是否正常。

10）风机轴承的温度和温升是否符合设备技术文件的规定。

2. 冷却塔的运行调节

冷却水的流量和回水温度直接影响制冷机的运行工况和制冷效率，因此保证冷却水的流量和回水温度对空调系统的运行至关重要。

通常对冷却塔采用以下一些调节方法来改变冷却水流量或冷却水回水温度。

（1）调节冷却塔运行台数

当冷却塔为多台并联配置时，可以通过开启同时运行的冷却塔台数，来适应冷却水量和回水温度的变化要求。

（2）调节冷却塔风机运行台数

当所使用的是一塔多风机配置的矩形塔时，可以通过调节同时工作的风机台数来改变进行热湿交换的通风量，在循环水量保持不变的情况下调节回水温度。

（3）调节冷却塔风机转速

通过改变电机的转速使冷却塔的通风量改变，在循环水量不变的情况下来达到控制回水温度的目的。当室外气温比较低，空气又比较干燥时，甚至还可以停止冷却塔风机的运转，仅利用空气与水的自然热湿交换来达到使冷却水降温的要求。这种调节方法常采用变频技术来实现。

（4）调节冷却塔供水量

常采用变频技术改变冷却水泵的转速，使冷却塔的供水量改变，在冷却塔通风量不变的情况下同样能够达到控制回水温度的目的。

如果在制冷机冷凝器的进水口处安装温度感应控制器，根据设定的回水温度，调节设在冷却水泵入水口处电动调节阀的开启度，以改变循环冷却水量来适应室外气象条件的变化和制冷机制冷量的变化，也可以保证回水温度不变。但因水泵和冷凝器的流量都不能降得很低，该方法的流量调节范围有限。此时，可以采用加装三通阀来保证通过水泵和冷凝器的流量不变，三通阀的开启度由温度感应控制器控制，用不同温度和流量的冷却塔供水与回水，兑出符合要求的冷凝器进水温度。

上述调节方法各有其优缺点和一定的使用局限性，可以单独采用，也可以综合采用。减少冷却塔运行台数和冷却塔风机降速运行的方法还会起到节能和降低运行费用的作用。因此，要结合实际，经过全面的技术经济分析之后再决定采用何种调节方法。

3. 冷却塔的节能维护保养

（1）冷却塔开机使用前的检查和维护保养

冷却塔每年开始使用前半个月内，对冷却塔进行一次全面维护保养。

1）清除冷却塔内的杂物。

2）检查、调整冷却塔风机皮带的松紧。

3）冷却塔开机使用前除进行定期清洗维护保养工作外，还包括以下维护保养内容：

① 检查测试冷却塔风机电机的绝缘情况，其绝缘电阻应不低于 $0.5M\Omega$，否则应干燥处理电机线圈，干燥后仍达不到应拆修电机线圈。

② 更换风机所有轴承的润滑脂。

③ 清除风机叶片上的腐蚀物，必要时在风机叶片上涂防锈层；检查风机的叶片有无腐蚀，若有就必须及时更换。

④ 检查减速箱中油的颜色和黏度，达不到要求应更换。

⑤ 清洗冷却塔外壳。

⑥ 检查冷却塔架的锈蚀情况，金属塔架每两年涂漆一次。

（2）定期维护保养

1）每个月对冷却塔进行一次清洗和维护保养，清洗和维护保养内容如下：

① 清洗布水装置，检查布水器布水是否均匀，否则应清洁管道及喷嘴。

② 清洗冷却塔填料，发现有损坏的要及时填补或更换。

③ 清洗积水盘和出水口的过滤网。

2）每周检查一次电机风扇转动是否灵活，风叶螺栓紧固，转动是否有振动。

3）对于使用皮带减速装置的电机，每半月检查一次皮带的松紧状况，调节松紧度或进行损坏更换；检查皮带是否开裂或磨损严重，视情况进行更换。

4）每个月停机检查一次齿轮减速箱中的油位，达不到油标规定位置要及时加油。

5）每半月检查一次补水浮球阀动作是否可靠，否则应修复。

（3）冷却塔停机期间维护保养

1）冬季冷却塔停止使用期间，避免可能发生的冰冻现象，应将集水盘（槽）和管道中的水全部放光，以免冻坏设备和管道。

2）寒冷地区，应采取措施避免因积雪而使风机叶片变形：

① 停机后将叶片旋转到垂直地面的角度并紧固。

② 将叶片或连轮毂一起拆下放到室内保存。

③ 减速装置的皮带，在停机期间取下保存。

6.2.6 活塞式制冷机组运行管理

1. 启动前的准备工作

（1）应先查看运行记录，了解活塞式制冷机组的停机原因。如果是因故障停机，必须检查是否已检修完好。

（2）检查压缩机：

1）检查压缩机曲轴箱的油位是否合乎要求，油质是否清洁。检查油温，如果过低应进行加热。

2）通过储液器的液面指示器观察制冷剂的液位是否正常，一般要求液面高度应在视液镜的 1/3～2/3 处左右。

3）开启压缩机的排气阀，压缩机的吸气阀和储液器上的出液阀可先暂不开启。

4）检查制冷机组周围及运转部件附近有无妨碍运转的因素或障碍物，对于开启式压缩机可用手盘动转动联轴器数圈，检查有无异常。

5）对具有手动卸载——能量调节的压缩机，应将能量调节阀的控制手柄放在最小能量位置。

6）接通电源，检查电源供电情况及电压；检查电气设备的接地情况；检查并拧紧所有的电气设备接头，应保证接头紧固不松动。

7）开启冷却水泵，对于风冷式机组开启风机运行。检查冷却水泵供水是否正常。

8）调整压缩机高、低压力继电器及温度控制器的设定值，使其指示值在所规定的范围内。压力继电器的压力设定值应根据系统所使用的制冷剂、运转工况和冷却方式而定。

9）转动联轴器2～3圈，检查是否过重，若盘车过重，应检查原因，加以排除。

（3）检查其他设备：冷却水泵、冷冻水泵、冷却塔风机等设备运转均应正常。

（4）启动冷冻水泵，使蒸发器中的冷冻水循环起来。

（5）检查制冷系统中所有管路系统，确认无泄露；水系统水量正常，不允许有明显的漏水现象；检查管路系统的绝热层、表面防潮层及保护层情况。

（6）检查压力表，应准确灵敏，各压力表的阀门应全部打开。

（7）检查系统中阀门的开启状况：

1）高压系统：油分离器、冷凝器、高压贮液器的进、出口和安全阀前的截止阀、均压阀、压力表阀、液面指示器阀均应开启。放油阀、空气分离器上的各种阀门、贮液桶上除安全阀前的截止阀外的所有阀门，均应关闭。待制冷系统启动工作后，根据操作的需求进行开启。

2）低压系统：由总调节站经干燥器、换热器、蒸发器至压缩机的管道上的所有阀门均应开启，各低压设备上的压力表阀、安全阀前的截止阀等均应开启。制冷压缩机的吸气阀、放油阀、干燥器的旁通阀应关闭。

3）特别要检查因为故障原因停机检修而需要关闭的阀门，在故障排除后是否打开。

2. 活塞式制冷机组的开机操作

（1）对于开启式压缩机，启动准备工作结束以后，可点动压缩机运行2～3次，观察压缩机、电机启动状态，确认正常后，重新合闸正式启动压缩机。

（2）压缩机正式启动后缓慢开启压缩机的吸气阀并注意电流表的数值，防止出现"液击"的情况。若听到"液击"声音，应立即将吸气阀关小，待"液击"声音消除后，再慢慢开启吸气阀。吸气压力达到0.1～0.2MPa时，增加一档负载。调节时，每隔2～3min增加一组气缸并观察油压的变化。如果容量调大后，发现有"液击"声，立即调小容量，约过5～10min后再增加容量。直至吸气阀完全打开，能量调至所需的容量。

（3）同时缓慢打开储液器的出液阀，向系统供液，待压缩机启动过程完毕，运行正常后将出液阀开至最大。

（4）对于设有手动卸载—能量调节机构的压缩机，待压缩机运行稳定以后，应逐步调节卸载—能量调节机构，直到达到所要求的档位为止，同时应注意防止出现"液击"的情况。

（5）在压缩机启动过程中应注意观察压缩机的运转状况是否正常；系统的高低压及油压是否正常；电磁阀、自动卸载—能量调节阀、膨胀阀的工作是否正常。待这些项目都正常后，启动工作结束。

3. 活塞式制冷机组的运行管理

当压缩机投入正常运行后，必须随时注意系统中各有关参数的变化情况，如压缩机的油压、吸、排气压力，冷凝压力，排气温度，冷却水温度，冷冻水温度，润滑油温度，压缩机、水泵、风机电机等的运行工作电流。同时，在运行管理中还应注意以下情况的管理和监测。

（1）压缩机的运转声音应只有吸、排气阀片发出的清晰而均匀的声音，且有节奏，气缸、曲轴箱和轴承等部位不应有异常的撞击声，若发现异常应查明原因，及时处理。压缩机电机的运行电流应稳定，整机各部位的温度应没有很大的变化。

（2）在运行过程中，如发现气缸有冲击声，则说明有液态制冷剂进入压缩机的吸气腔，此时应将能量调节机构置于空挡位置，并立即关闭吸气阀，待吸入口的霜层溶化，使压缩机运行大约5~10min后，再缓慢打开吸气阀，调整至压缩机吸气腔无液体吸入，且吸气管底部有结露状态时，可将吸气阀全部打开。

（3）应注意监测压缩机的排气压力和排气温度。

（4）运行中压缩机的吸气温度与蒸发温度差值应符合设备技术文件的规定。

（5）压缩机在运转中各摩擦部件温度和温升应符合设备技术文件的规定。如果发现其温度急剧升高或局部过热时，则应立即停机进行检查处理。

（6）随时检测曲轴箱中的油温、油位和油压。曲轴箱中的油温一般应保持在40℃~60℃，最高不得超过70℃。曲轴箱上若有一个视油镜时，油位不得低于视油镜的1/2，若有两个视油镜时，油位不超过上视镜的1/2，不低于下视镜的1/2。运行时油压应比吸气压力高0.1~0.3MPa。若发现有异常情况应及时采取措施处理。

（7）油分离器自动回油应正常，浮球阀应自动开启和关闭。在干燥过滤器前后的液体管道不应有明显温差，更不能出现结霜情况。

（8）制冷压缩机的气缸壁不应有局部发热和结霜的现象，吸气管不应有结霜。

（9）整个系统在运行中，各部位不应该有油迹，否则意味着有泄漏，须停机检漏。

（10）活塞式制冷机组在运行过程中，虽然大部分随排气被带走的冷冻润滑油，在油气分离器的作用下会回到压缩机，但仍有一部分会随制冷剂的流动而进入整个系统，造成曲轴箱内润滑油减少，影响压缩机润滑系统的正常工作。因此，在运行中应注意观测油位的变化，随时进行补充。

润滑油的补充操作方法是：当曲轴箱中的油位低于油面指示器的下限时，可采用手动回油方法，观察油位能否回到正常位置。若仍不能回到正常位置，则应补充润滑油。补油时应使用与压缩机曲轴箱中的润滑油同标号、同牌号的冷冻润滑油。加油时，加油管一端拧紧在曲轴箱上的加油阀上，另一端捏住管口放入盛有冷冻润滑油的容器中。将压缩机的吸气阀关闭，待其吸气压力降低到0时（表压），同时打开加油阀，并松开捏紧的加油管，润滑油即可被吸入曲轴箱中，待从视油镜中观测油位达到要求后，关闭加油阀，然后缓慢打开吸气阀，使制冷系统逐渐恢复正常运行。

（11）制冷系统在运行过程中会因各种原因使空气混入系统中。由于系统混入空气后会导致压缩机的排气压力和排气温度升高，造成系统能耗的增加，甚至造成系统运行事故，因此应在运行中及时排放系统中的空气。制冷系统中混有空气的特征为：压缩机在运行过程中高压压力表的表针出现剧烈摆动，排气压力和排气温度都明显高于正常运行时的参数值。

对于氟利昂制冷系统，由于氟利昂制冷剂的密度大于空气的密度，因此当氟利昂制冷系统中有空气存在时，一般会聚集在储液器或冷凝器的上部，所以氟利昂制冷系统的"排气"操作可按下述步骤进行：

1）关闭储液器或冷凝器的出液阀（事先应将电气控制系统中的压力继电器短路，以防止它的动作导致压缩机无法运行），使压缩机继续运行，将系统中的制冷剂全部收集到储液器或冷凝器中，在这一过程中让冷却水系统继续工作，将气态制冷剂冷却成为液态制冷剂。当压缩机的低压运行压力达到 0（表压）时，停止压缩机运行。

2）在系统停机约 1h 后，拧松压缩机排气阀旁通孔的丝堵，调节排气阀至三通状态，使系统中的空气从旁通孔逸出。若在储液器或冷凝器的上部设有排气阀时，可直接将排气阀打开进行"排空"。在放气过程中可将手背靠近气流出口感觉排气温度，若感觉到气体较热或为正常温度则说明排出的基本上是空气；若感觉排出的气体较凉，则说明排出的是制冷剂，此时应立即关闭排气阀口，排气工作可基本告一段落。

3）为检验"排空"效果，可在"排空"工作告一段落后，恢复制冷系统运行（同时将压力继电器电路恢复正常），再观察系统运行状态。若高压压力表不再出现剧烈摆动，冷凝压力和冷凝温度在正常值范围内，可认为"排空"工作已达到目的。若还是有存在空气的现象，就应继续进行"排空"工作。

4. 活塞式制冷机组的运行调节

由于影响活塞式制冷机组运行的因素非常多，活塞式制冷机组输出的制冷量也会随之发生变化。活塞式制冷机组运行调节的目的是保证输出的制冷量与系统所需的制冷量相匹配。

活塞式制冷机组的运行调节主要方法如下：

（1）应用活塞式制冷机组自带的能量调节机构进行调节，通过能量调节机构改变压缩机的工作缸数，从而调节压缩机的排气量，达到能量调节的目的，这种调节方式最常用，属于阶梯调节。

（2）压缩机间歇运行：通过温度控制器或低压压力控制器自动控制压缩机的停机或运行，以适应被冷却空间制冷负荷和冷却温度变化的要求。这种调节方法最简单，在小型制冷装置和小制冷量的多机并联运行的制冷机组中被广泛应用。

（3）变速调节：通过电机的变频调节，改变电机的转速从而使压缩机转速变化来调节输气量，这种方法可以连续无级调节输气量，且调节范围宽广，节能高效。

5. 活塞式制冷机组的停机操作

对于氟利昂活塞式制冷机组的停机操作，装有自动控制系统的制冷机组由自动控制系统来完成，手动控制系统则可按下述程序进行：

（1）在接到停止运行的指令后，首先关闭储液器或冷凝器的供液阀。

（2）待压缩机的低压压力表的表压力接近于 0，或略高于大气压力时（大约在供液阀关闭 10～30min 后，视制冷系统蒸发器大小而定），关闭吸气阀，停止压缩机运转，同时关闭排气阀。如果由于停机时机掌握不当，使停机后压缩机的低压压力低于 0 时，则应适当开启一下吸气阀，使低压压力表的压力上升至 0，以避免停机后由于曲轴箱密封不好而导致外界空气渗入。

（3）关闭冷冻水泵、回水泵等，使冷冻水系统停止运行。

（4）在制冷压缩机停止运行 10～30min 后，关闭冷却水系统，关闭冷却水泵、冷却塔风机，使冷却水系统停止运行。

（5）关闭制冷系统上各阀门。

（6）为防止冬季可能产生的冻裂故障，应将系统中残存的水放干净。

6. 活塞式制冷机组的紧急停机和事故停机的操作

制冷系统在运行过程中，如遇下述情况应做紧急停机处理：

（1）制冷系统在正常运行中突然停电时，首先应立即迅速关闭系统中的供液阀，停止向蒸发器供液，避免在恢复供电而重新启动压缩机时造成"液击"故障，接着应迅速关闭压缩机的吸、排气阀；然后切断压缩机电机的电源，最后再按正常停机程序关闭其他设备。

恢复供电以后，可先保持供液阀为关闭状态，按正常程序启动压缩机，待蒸发压力下降到一定值时（略低于正常运行工况下的蒸发压力），可再打开供液阀，使系统恢复正常运行。

（2）制冷系统在正常运行工况条件下，因某种原因突然造成冷却水供应中断时，应首先切断压缩机电机的电源，停止压缩机的运行，以避免高温高压状态的制冷剂蒸汽得不到冷却，使系统管道或阀门出现爆裂事故，然后关闭供液阀、压缩机的吸、排气阀，最后再按正常停机程序关闭各种设备。

在冷却水恢复供应以后，系统重新启动时可按停电后恢复运行时的方法处理。但如果由于停水而使冷凝器上的安全阀动作过，就必须对安全阀进行试压一次。

（3）制冷系统在正常运行工况下，因某种原因突然造成冷冻水供应中断时，应首先关闭供液阀或节流阀，停止向蒸发器供液态制冷剂。关闭压缩机的吸气阀，使蒸发器内的液态制冷剂不再蒸发，或使蒸发压力高于0℃时制冷剂相对应的饱和压力。继续开动制冷压缩机使曲轴箱内的压力接近或略高于0，停止压缩机运行，然后对于其他设备的操作再按正常停机程序处理。

当冷冻水系统恢复正常工作以后，可按突然停电后又恢复供电时的启动方法处理，恢复冷冻水系统正常运行。

（4）在制冷空调系统正常运行情况下，空调机房或相邻建筑发生火灾并危及系统安全时，应首先切断电源，关闭系统中的供液阀，停止向蒸发器供液，接着应迅速关闭压缩机的吸、排气阀，再按正常停机程序关闭其他设备，同时向有关部门报警，并协助灭火工作。

当火警解除之后，可按突然停电后又恢复供电时的启动方法处理，恢复系统正常运行。

（5）当机组出现故障，或机组已报警且控制显示屏上有显示故障情况（或故障代码）但机组未按要求自动停机时，应按发生火灾时的紧急停机措施处理。

7. 活塞式制冷机组运行过程中应做停机处理的故障

（1）油压过低且无法调节。

（2）油温超过允许温度值且无法调节。

（3）压缩机气缸中有敲击声且无法调节。

（4）压缩机轴封处制冷剂泄漏现象严重。

（5）压缩机运行中出现较严重的"液击"现象且无法调节。

（6）排气压力和排气温度过高，且无法调节。

（7）压缩机的能量调节机构动作失灵。

（8）冷冻润滑油太脏或出现变质情况。

发生上述故障时，采取何种方式停机，可视具体情况而定，可采取紧急停机或按正常停机方式处理。

8. 活塞式制冷机组的检查和保养

（1）冷凝器和蒸发器的清洁保养

1）对于设有冷却塔的水冷式制冷机中的冷凝器、蒸发器，每半年进行一次清洁养护。

2）清洗时，先配制 10% 盐酸溶液（每 1kg 酸溶液里加 0.5kg 缓蚀剂）或用现在市场上使用的一种电子高效清洗剂，杀菌清洗，剥离水垢一次完成，并对铜铁无腐蚀。

3）拆开冷凝器、蒸发器两端进出水法兰封闭，向里注清洗液，酸洗时间 24h，也可用泵循环清洗，时间为 12h，酸洗完后用 1% 的 NaOH 溶液或 5% Na_2CO_3 清洗 15min，最后用清水冲洗 3 遍，全部清洗完毕，检查是否漏水，若不漏水则重新装好，若法兰胶垫老化，则需更换。

（2）检查螺丝、螺栓、螺母及接头紧密性，适当紧固以消除振动，防止泄漏。

（3）压缩机的检查和保养

每年对压缩机进行一次检查和保养，检查保养内容如下：

1）检查压缩机的油位、油色，如油位低于视油镜的 1/2 位置，则应查明漏油的原因并排除故障后再充注润滑油，如油已变色则应彻底更换润滑油。

2）检查制冷系统内是否存有空气，如有则应排放。

3）检查压缩机的各项参数是否在正常范围内，压缩机电机绝缘电阻正常 0.5MΩ 以上，压缩机运行电流正常为额定值，三相基本平衡，压缩机的油压正常 1～1.5MPa，压缩机外壳温度 85℃ 以下，吸气压力正常值 0.49～0.54MPa，排气压力正常值 1.25MPa，并检查压缩机运转时是否有异常的噪声和振动，检查压缩机是否有异常的气味。

通过各项检查确定压缩机是否有故障，视情况进行维修更换。

6.2.7 螺杆式制冷机组的启动与运行管理

1. 螺杆式制冷机组启动前的检查

（1）应先查看运行记录，了解螺杆式制冷机组的停机原因。若是因故障停机，必须检查是否已检修完好。

（2）电气系统检查

电气系统检查前，必须断开所有电源，且必须使用电压表或相位探测器来确定机组电源已被隔离。

1）检查电气设备的接地情况。

2）检查并拧紧所有的电气设备接头，应保证接头紧固不松动。

3）用电压表检查输入电压是否在正常范围内。

（3）冷却水、冷冻水系统检查

启动冷却水泵、冷冻水泵、冷却塔风机，打开各水系统的阀门，检查冷冻水、冷却水是否正常循环，排尽水系统中的空气。

（4）检查管路系统的绝热层、表面防潮层及保护层情况，有无破损和脱落，是否有结露、漏水、接缝处胀裂和开胶等现象；检查制冷系统管路、接头及法兰有无泄漏，应保证系统无泄漏。

（5）检查油位和油温

油箱中的油位和油温应符合设备技术文件的规定。

（6）检查各阀门

机组各有关阀门的开、关或阀位是否在规定位置，特别要检查因为故障原因停机检修而需要关闭的阀门，在故障排除后是否打开。

（7）检查冷冻水供水温度设定值。

2. 螺杆式制冷机组的开机操作

（1）确认机组中各有关阀门所处的状态是否符合开机要求。

（2）向机组电气控制装置供电，并打开电源开关，使电源控制指示灯点亮。

（3）启动冷却水泵、冷却塔风机和冷冻水泵，应能看到三者的运行指示灯点亮。

（4）检测润滑油油温是否达到 30℃，若不到 30℃，就应打开电加热器进行加热，同时可启动油泵，使润滑油循环温度均匀升高。

（5）油泵启动运行以后，将能量调节控制阀置于减载位置，并确定滑阀处于零位。

（6）调节油压调节阀，使油压达到 0.5～0.6MPa。

（7）闭合压缩机的启动控制电源开关，打开压缩机吸气阀，经延时后压缩机启动运行，在压缩机运行以后进行润滑油压力的调整，使其高于排气压力 0.15～0.3MPa。

（8）闭合供液管路中的电磁阀控制电路，启动电磁阀，向蒸发器供液态制冷剂，将能量调节装置置于加载位置，并随着时间的推移，逐级增载，同时观察吸气压力，通过调节膨胀阀，使吸气压力稳定在设备技术文件规定的范围内。

（9）压缩机运行以后，当润滑油温度达到 45℃时断开电加热器的电源，同时打开油冷却器的冷却水进、出口阀，使压缩机运行过程中，油温控制在 40～55℃范围内。

（10）若冷却水温较低，可暂时将冷却塔的风机关闭。

（11）将喷油阀开启 1/2～1 圈，同时应使吸气阀和机组的出液阀处于全开位置。

（12）将能量调节装置调节至 100% 的位置，同时调节膨胀阀使吸气保持规定的过热度。

3. 螺杆式制冷机组的运行管理

机组启动完毕，投入运行后，应注意对下述内容的检查，确保机组安全运行。

（1）检查冷冻水泵、冷却水泵、冷却塔风机运行时的声音、振动情况，水泵的出口压力、水温等各项指标是否在正常工作参数范围内。

（2）随时检查润滑油的油温、油位和油压，均应在设备技术文件规定的范围内。

（3）压缩机处于满负荷运行时，吸气压力值应在 0.36～0.56MPa 范围内。

（4）压缩机的排气压力和排气温度应符合设备技术文件的规定。

（5）压缩机运行过程中，电机的工作电流应在规定范围内。若电流过大，就应调节至减载运行，防止电机由于工作电流过大而烧毁。

（6）压缩机运行过程中声音应均匀、平衡，无异常声音和振动。

（7）机组的冷凝温度应比冷却水温度高 3～5℃，冷凝温度一般应控制在 40℃左右，冷凝器进水温度应在 32℃以下。

（8）机组的蒸发温度应比冷冻水的出水温度低 3～4℃，冷冻水出水温度一般为 5～7℃左右。

（9）检查电源电压的电压范围及不平衡率。

（10）用检漏仪检查所有可能漏制冷剂的安装连接位置，如压力表、止回阀等，防止泄漏。

上述各项中，若发现有不正常情况时，就应立即停机查明原因，排除故障后再重新启动机组。切不可带着问题让机组运行，以免造成重大事故。

4. 螺杆式制冷机组的停机操作

螺杆式制冷压缩机的停机分为正常停机、紧急停机、自动停机和长期停机等停机方式。

（1）正常停机的操作方法

1）将手动卸载控制装置置于减载位置。

2）关闭机组供液管路上的电磁阀、出液阀，停止向蒸发器供液。

3）停止压缩机运行，同时关闭吸气阀。

4）待能量减载至零后，停止油泵工作。

5）将能量调节装置置于"停止"位置上。

6）关闭油冷却器的冷却水进水阀。

7）压缩机停止运转15min后，停止冷却水泵和冷却塔风机的运行。

8）停止冷冻水泵的运行。

9）关闭总电源。

（2）机组的紧急停机

螺杆式制冷机组在正常运行过程中，如发现异常现象，为保护机组安全，就应实施紧急停机。其操作方法如下：

1）停止压缩机运行。

2）关闭压缩机的吸气阀。

3）关闭机组供液管上的电磁阀及冷凝器的出液阀，停止向蒸发器供液。

4）停止油泵工作。

5）关闭油冷却器的冷却水进水阀。

6）停止冷冻水泵、冷却水泵和冷却塔风机。

7）切断总电源。

机组在运行过程中出现停电、停水等故障时的停机方法可参照活塞式制冷机组紧急停机中的有关内容处理。

机组紧急停机后，应及时查明故障原因，排除故障后，可按正常启动方法重新启动机组。

（3）机组的自动停机

螺杆式制冷机组在运行过程中，若机组的压力、温度值超过规定值范围时，机组控制系统中的保护装置会发挥作用，自动停止压缩机工作，这种现象称为机组的自动停机。机组自动停机时，其机组的电气控制板上相应的故障指示灯会点亮，以指示发生故障的部位。遇到此种情况发生时，主机停机后，其他部分的停机操作可按紧急停机方法处理。在完成停机操作工作后，应对机组进行检查，待排除故障后才可以按正常的启动程序进行重新启动运行。

（4）机组的长期停机

用于中央空调冷源的螺杆式制冷机组多为季节性运行，因此机组的停机时间较长。为保证机组的安全，在季节性停机时，可按以下方法进行停机操作。

1）在机组正常运行时，关闭机组的供液阀，使机组进行减载运行，将机组中的制冷剂全部抽至冷凝器中。为使机组不会因吸气压力过低而停机，可将低压压力继电器的调定值调为 0.15MPa。当吸气压力降至 0.15MPa 左右时，压缩机停机，当压缩机停机后，可将低压压力值再调回。

2）断开机组电源。

3）将停止运行后的油冷却器、冷凝器、蒸发器中的水排出，并放干净残存水，以防冬季时冻坏其内部的传热器。

4）关闭好机组中的相关阀门，检查是否有泄漏现象，在所有关闭的阀门上注明：再次开机前需打开。

5）定期启动润滑油油泵，以使润滑油能长期均匀地分布到压缩机内的各个工作面，防止机组因长期停机而引起机件表面缺油，造成重新开机时的困难。

5. 螺杆式制冷机组的运行调节

（1）依靠机组自身的滑阀式能量调节机构实现能量调节。

（2）变速调节：螺杆式制冷机组装上变频驱动装置 VSD（Variable-Speed Device），根据工况变化同步调节电机转速、滑阀开度、滑块位置以及节流阀开度，使滑阀位置、压缩机转速、内容积比以及蒸发器供液量始终保持最佳匹配，从而保证机组始终在最佳工况下运行。这种调节方式具有自适应冷量控制逻辑的特点。

6. 螺杆制冷机组的的检查和保养

螺杆式制冷机组除要做活塞式制冷机组相同的检查与保养外，还应做如下项目的检查与保养：

（1）机组中润滑油的更换

机组运行一段时间后，由于种种原因，会使冷冻润滑油被污染变脏，这时应对机组内的润滑油进行更换。其操作方法是：

1）在压缩机停机状态下，将其吸、排气阀关闭，同时启动冷冻水泵和冷却水泵运行。

2）使用抽氟机（另备）从机组的排气管上安全阀下部的放空阀处将气态制冷剂抽至冷凝器上部的放空阀处，使其在冷凝器中被冷却成液体。当机组的高压压力表指示值接近零时停止抽氟。

3）打开机组的放油阀进行放油，同时也从油冷却器、油分离器底部的堵丝处放油和排污。

4）污油放干净以后，按试运转时的加油程序向机组内加入适量的合格润滑油。

5）机组加油结束后，使用真空泵从放空阀处抽真空，使机组的绝对压力为 5.33kPa 左右，关闭放空阀，停止真空泵工作。

6）打开压缩机的排气阀，稍稍开启吸气阀，使机组与系统压力平衡。

螺杆式制冷压缩机在运行过程中若发现润滑油不足，也应及时进行补充，只是省去放油排污过程。

（2）机组蒸发器、冷凝器中润滑油的回收

在螺杆式压缩机运行过程中会因各种原因造成在机组的冷凝器和蒸发器中积存大量冷冻润滑油，使机组无法正常工作，因此必须及时回收润滑油。下面以 LSLGF500 型和 LSLGF1000 型机组为例，介绍操作方法：

1）将机组的卸载装置调至"零位"，停止机组运行，断开蒸发压力保护器。

2）将供液电磁阀底部的调节杆旋进，开启电磁阀，使冷凝器中的氟利昂制冷剂与润滑油的混合物全部进入蒸发器中，然后再将电磁阀的调节杆旋出，关闭电磁阀。

3）按正常程序开机，对蒸发器、冷凝器供水，使机组在零位能量下运行，然后打开供液电磁阀，使其工作 30s 后再将其关闭，同时也将冷凝器出液阀关闭。

4）使机组在零位能量下继续运行，待蒸发器中 1/2 左右的氟利昂抽至冷凝器中后，将能量调节装置调至 10%～20% 档位运行。

5）当在蒸发器中看不到液态制冷剂，其运行压力在 0.2～0.3MPa 时，将能量调节装置调至"0"位，同时停止压缩机运行。

6）关闭油冷却器的出油阀，用回油管将蒸发器下部回油阀与机组的加油阀相连接，上紧连接螺母，然后缓慢地打开蒸发器下部的回油阀和机组的加油阀，同时启动油泵使其工作，将油抽至机组的油分离器中。

7）观察油分离器上的视油镜，待油面升至一定油位，并且不再上升时，将蒸发器下部的回油阀和机组的加油阀分别关闭，停止油泵运行，拆除回油管。然后再稍微开启蒸发器的回油阀，利用蒸发器内的制冷剂蒸汽将其内部的残油吹出。当观察到蒸发器下部的回油阀出口只有制冷剂气体吹出时，说明油已经排干净，应立即关闭回油阀。

8）润滑油回收结束后，打开油冷却器上的出油阀和冷凝器上的出液阀，并接通蒸发压力保护器，恢复机组正常工作。

6.2.8 离心式制冷机组的运行管理

1. 离心式制冷机组启动前的检查

（1）应先查看运行记录，了解离心式制冷机组的停机原因。如果是因故障停机，必须检查是否已检修完好。

（2）电源系统检查

1）检查电源电压是否符合要求。

2）检查电气设备的接地情况。

3）检查电气线路的接头紧固情况。

（3）制冷压缩机的检查

1）检查压缩机旋转部件。

2）检查导流叶片，其动作应灵活，确认导叶的控制旋钮是在"自动"位置上，而导流叶片的指示显示是关闭的。

3）检查控制盘上各指示灯是否点亮。

4）盘车 2～3 圈，查看有无异常现象。

（4）润滑系统的检查

1）检查油位和油温。油箱中的油位必须达到或超过低位视油镜，当油温太低时，应启动加热装置，待油温正常后方可运行。

2）检查润滑油管路的密封情况，不允许存在管路松动和破裂现象。

（5）制冷系统的检查

1）检查抽气回收装置的工作状态。

2）检查各阀门的开、关或阀位应在规定位置。

3）检查制冷管路的密封情况。

4）检查冷冻水供水温度设定值。

5）检查制冷剂压力，制冷剂的高低压显示值应在正常停机范围内。

（6）检查冷却系统

启动冷却水泵、冷却塔风机，打开各水系统的阀门，检查系统中的冷却水是否循环，排尽水系统中的空气。

（7）检查因为故障原因停机检修而需要关闭的阀门，在故障排除后是否打开。

（8）检查管路系统的绝热层、表面防潮层及保护层情况，有无破损和脱落，是否有结露、漏水、接缝处胀裂和开胶等现象。

2. 离心式制冷机组的开机操作

（1）离心式制冷机组的启动

离心式制冷机组启动运行方式有"全自动"运行方式和"部分自动"即手动启动运行方式两种，其启动联锁条件和操作程序都是相同的。制冷机组启动时，若启动联锁回路处于下述任何一项时，即使按下启动按钮，机组也不会启动，例如：导叶没有全部关闭；故障保护电路动作后没有复位；主电机的启动器不处于启动位置上；按下启动开关后润滑油的压力虽然上升了，但升至正常油压的时间超过了20s；机组停机后再启动的时间未达到15min；冷冻水泵或冷却水泵没有运行或水量过少等。

当主机的启动运行方式选择"部分自动"控制时，主要是指冷量调节系统是人为控制的，而一般油温调节系统仍是自动控制，启动运行方式的选择对机组的负荷试运转和调整都没有影响。

机组启动方式的选择原则是：新安装的机组或大修机组进入负荷试运转调整阶段，或者蒸发器运行工况需要频繁变化的情况，常采用主机"部分自动"的运行方式，即相应的冷量调节系统选择"部分自动"的运行方式。当负荷试运转阶段结束，可选择"全自动"运行方式。

无论选择何种运行方式，机组开始启动时均由操作人员在主电机启动过程结束并达到正常转速后，逐渐地开大进口导叶开度，以降低蒸发器出水温度，直到达到要求值，然后将冷量调节系统转入"全自动"程序或仍保持"部分自动"的操作程序。

机组启动运行应注意以下问题：

1）具备启动条件，允许启动灯亮后，启动主电机。

2）若机组不能正常启动，检查机组启动联锁回路是否处于保护状态，解除后重新启动。

3）启动后注意电流计指针的摆动情况，监听压缩机的运转有无异常声音，若有异常，根据情况立即调整或停机处理。

4）检查增速器油压上升情况和各部件油压，机械运转正常后停止启动油泵。

5）当运转电流稳定后，慢慢开启导叶，注意不要使电流数值超过规定值。

6）待蒸发器出口冷冻水温度达到设计值时，将导叶的控制由手动转为温度自动控制。

（2）离心式制冷机组在启动过程中的监测内容

1）检查主电机的电压、电流是否正常。

2）检查冷凝压力，冷凝压力表上读数不允许超过规定值，否则会停机。若压力过高，必要时可用"部分自动"启动方式运转抽气回收装置约30min，或加大冷却水流量来降低冷凝压力。

3）检查油温、油压和油量：

① 机组启动时，随进口导叶逐步开大，以及油槽中有大量的气泡产生，供油压力会呈缓慢下降的趋势。此时，应严密监视油压的变化。当油压降到机组规定的最低供油压力值时，应做紧急停机处理，以免造成机组的严重损坏。

② 在机组启动前后，因制冷剂可能较多地溶解于润滑油中，同时油槽中存在大量气泡，会造成油位上升的假象。一般待机组稳定运行3～4h后，气泡即慢慢消失，此时的油位才是真实油位。当油位未达到规定要求时，应补充润滑油。

③ 机组启动及运行过程中，油槽中的油温应严格控制。若油槽中油温过高，可切断电加热器或加大油冷却器供水量，使油温下降。

4）检查压缩机的轴封情况，压缩机运行时，必须保证压缩机出口气压比轴承回油处的油压约高 0.1×10^5 Pa，只有这样才能使压缩机叶轮后的充气密封、主电机充气密封、增速箱箱体与主电机回液（气）腔之间充气密封起到封油的作用。

5）检查轴承温度，机组轴承中叶轮轴的推力轴承温度最高。应严格监控该轴承温度。各轴承工作温度不得高于设备技术文件规定值。若轴承温度上升很快，或达到规定上限值，无论是否报警均应手动紧急停机，检查轴承状况。

6）检查冷水出口温度是否过低，避免铜管冻裂。

7）检查压缩机排气温度是否超过设备技术文件的规定值。

机组运行中同时还应监测机组机械部分运转是否正常，如压缩机转子、齿轮啮合、油泵、主电机径向轴承等部分，是否有金属撞击声、摩擦声或其他异常声响；机组外表面是否有过热状况，包括主电机外壳、蜗壳出气管、供回油管、冷凝器筒体等位置。

3. 离心式制冷机组的运行管理

（1）压缩机吸气口温度应比蒸发温度高 1～2℃。

（2）压缩机排气温度一般不超过 60～70℃，如果排气温度过高，会引起冷却水水质的变化，杂质分解增多，使设备被腐蚀损坏的可能性增加。

（3）油温应控制在 43℃ 以上，油压差应在 0.15～0.2MPa。润滑油泵轴承温度应为 60～74℃ 范围。如果润滑油泵运转时轴承温度高于 83℃，就会引起机组停机。

（4）冷却水通过冷凝器时的压力降低范围应为 0.06～0.07MPa。冷冻水通过蒸发器时的压力降低范围应为 0.05～0.06MPa。如果超出要求的范围，就应通过调节水泵出口阀门及冷凝器、蒸发器的进水阀门进行调整，将压力控制在要求的范围内。

（5）冷凝器下部液体制冷剂的温度，应比冷凝压力对应的饱和温度低 2℃ 左右。

（6）从含水量指示器上，观察制冷剂液体的流动及干燥情况是否在合格范围内。

（7）机组的蒸发温度比冷冻水出水温度低 2～4℃，冷冻水出水温度一般为 5～7℃ 左右。

（8）机组的冷凝温度比冷却水的出水温度高 2～4℃，冷凝温度一般控制在 40℃ 左右，冷凝器进水温度要求在32℃以下。

（9）控制盘上电流表的读数小于或等于规定的额定电流值。

（10）机组运行声音均匀、平衡，听不到喘振现象或其他异常声响。

4. 离心式制冷机组的停机操作

离心式制冷机组停机操作分为正常停机和事故停机两种情况。

（1）在正常运行过程中，因为定期维修或其他非故障性的主动方式停机，称为机组的正常停机。正常停机一般采用手动方式，机组的正常停机基本上是正常启动过程的逆过程。正常停机过程如图6-1所示。机组正常停机过程中应注意以下几个问题：

1）停机后，油槽油温应继续维持在50～55℃之间，防止制冷剂大量溶入冷冻润滑油中。

2）压缩机停止运转后，冷冻水泵应继续运行一段时间，保持蒸发器中制冷剂的温度在2℃以上，防止冷冻水产生冻结。

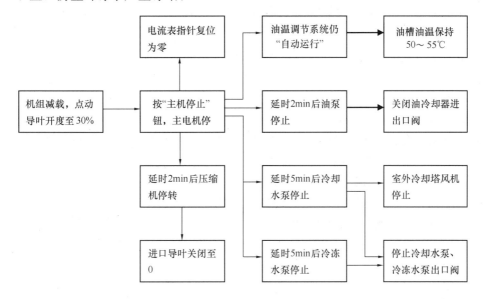

图6-1 离心式制冷压缩机正常停机操作程序框图

3）在停机过程中要注意主电机有无反转现象，以免造成事故。主电机反转是由于在停机过程中，压缩机的增压作用突然消失，蜗壳及冷凝器中的高压制冷剂气体倒灌所致。因此，压缩机停机前在保证安全的前提下，应尽可能关小导叶角度，降低压缩机出口压力。

4）停机后，抽气回收装置与冷凝器、蒸发器相通的波纹管阀、小活塞压缩机的加油阀、主电机、回收冷凝器、油冷却器等的供应制冷剂的液阀，以及抽气装置上的冷却水阀等应全部关闭。

5）停机后仍应保持主电机的供油、回油的管路畅通，油路系统中的各阀一律不得关闭。

6）停机后除向油槽进行加热的供电和控制电路外，机组的其他电路应一律切断，以保证停机安全。

7）检查蒸发器内制冷剂液位高度，与机组运行前比较，应略低或基本相同。

8）再检查一下导叶的关闭情况，必须确认处于全关闭状态。

9）冬季长期停机，必须将管道和冷却器内积水排净，以防冻坏设备。

（2）事故停机的操作

事故停机分为故障停机和紧急停机两种情况。

1）故障停机

机组的故障停机是指机组在运行过程中某部位出现故障，电气控制系统中保护装置动作，实现机组正常自动保护的停机。

故障停机是由机组控制系统自动进行的，与正常停机不同在于主机停止指令是由电脑控制装置发出的，机组的停止程序与正常停机过程相同。在故障停机时，机组控制装置会有报警（声、光）显示，操作人员可按机组设备技术文件的提示，先消除报警的声响，再按下控制屏上的显示按钮，故障内容会以代码或汉字显示，按照提示，操作人员即可进行故障排除，若停机后按下显示按钮时，控制屏上无显示，则表示故障已被控制系统自动排除，应在机组停机30min后再按正常启动程序重新启动机组。

2）紧急停机

机组的紧急停机是指机组在运行过程中发生突然停电、冷却水突然中断、冷冻水突然中断或出现火警时等情况突然停机。紧急停机的操作方法和注意事项与活塞式制冷机组的紧急停机内容和方法相同，可参照执行。

（3）停机后制冷剂的移出方法

由于空调用离心式制冷机组大部分为季节运行，在压缩机停运季节或需要进行机组大修时，均应将机组内的制冷剂排出。排出制冷剂的操作方法如下：

1）加热油箱中的润滑油，甚至可运转油泵进行搅拌，分离润滑油中的制冷剂。

2）启动制冷机，降低冷水温度，使蒸发温度降到10℃以下，压缩机停机。

3）将浮球阀手动调节到最大开度，从蒸发器或压缩机进气管的专用接管口处，向机组充注氮气。

4）用铜管或PVC管，将排放阀（即充注阀）与置于磅秤上的制冷剂储液罐相连。从蒸发器或压缩机进气管上的专用接管口处，向机内充入干燥氮气，将机组内液态制冷剂加压至$(0.98\sim1.4)\times10^5$ Pa（表压），利用氮气压力将液态制冷剂从机组内压入到储液罐或制冷剂钢瓶中。在排放过程中应通过重量控制，或使用一段透明软管来观测制冷剂的排放过程。当机组内的液态制冷剂全部排完时，迅速关闭排放阀，避免氮气混入储液罐或制冷剂钢瓶中。

5）存储制冷剂用的储液罐或制冷剂钢瓶，不得充灌得过满，应留有20％左右的空间。制冷剂钢瓶装入制冷剂后应存放在阴凉、干燥的通风处。

6）机组内液体制冷剂排干净以后，开动抽气回收装置，使机组内残存的制冷剂气体被抽气回收装置中的冷却水液化以后排入到制冷剂钢瓶中。

7）如果机组内的制冷剂混入了润滑油，并且润滑油又大量地漂浮在制冷剂液体表面时，可在制冷剂液体基本回收完毕时，断开向储液罐或制冷剂钢瓶的输送，将机组内剩余的制冷剂与润滑油的混合物排入专用的分离罐中，然后再对分离罐进行加热，使油、气分离，对制冷剂进行回收。

8）已回收的制冷剂应取样进行成分分析，以决定能否继续使用。如果制冷剂中含油量大于5%或含水量大于$2.5×10^{-5}$g/g，就应进行加热分离处理后再使用。

5. 离心式制冷机组的运行调节

（1）变速调节，利用变频装置改变离心式制冷机组的转速来调节制冷机组的制冷量。这种调节方法最经济。

（2）转动入口导叶角度的调节，包括进口导流器、叶片扩压器及工作叶片可转动的调节。

（3）进气节流，在压缩机进气端装一个节流阀门。从运行经济性来看，它比变速调节和叶片转动调节要低。但是采用这种调节方法，可以在不需要变速，也不需要转动压缩机叶片的情况下，满足工况变动时的要求。

6. 离心式制冷机组的检查与保养

螺杆式制冷机组除要做活塞式制冷机组相同的检查与保养外，还应做如下项目的检查与保养。

（1）严格监视油槽油位、油压和油温

机组在运行过程中，若油槽油位下降至最低位以下时，应在油泵和机组不停机的情况下，通过润滑油系统上的加油阀，向系统补充合格的冷冻机油。若油槽油位一直下降，则停机检查漏油的原因。正常情况压缩机的油压表指针应无大角度的左右摆动；改变油压调节阀的开度可调节油压的大小。油槽油温一般务必控制在50～55℃之间。

（2）严格监视各轴承温度

（3）严格监视压缩机和整个机组的振动和异常噪声

在机组运行过程中，一旦出现压缩机剧烈振动，无论何种原因引起，必须停机；若出现不致影响机组运行的振动，也应及时进行分析，通过操作、调整参数来消除。

（4）抽气回收装置的日常维护和保养

在空调用离心式制冷机组中，抽气回收装置自成系统，必要时可切断与冷凝器、蒸发器相通的管路阀门，单独维护和保养。

6.2.9 溴化锂吸收式制冷机组的运行管理

1. 溴化锂吸收式制冷机组启动前的检查

（1）应先查看运行记录，了解溴化锂吸收式制冷机组的停机原因。如果是因故障停机，必须检查是否已检修完好。

（2）检查机组的气密性

机组的气密性检查参见单元4第6节的相关内容。

当机组有很高的气密性要求时可采用氦质谱仪检漏，这种检漏方法灵敏度极高。

（3）系统的外部条件检查

1）检查管路系统的绝热层、表面防潮层及保护层情况，有无破损和脱落，是否有结露、漏水、接缝处胀裂和开胶等现象。

2）检查管路系统有无渗漏，阀门的开、关及位置是否正确，特别要检查因为故障原因停机检修而需要关闭的阀门，在故障排除后是否打开。

3）检查水泵

各连接螺栓是否松动；润滑油、润滑脂是否充足；填料是否漏水；检查电气运转电流是否正常；泵的压力、声音及电机温度等是否正常。

4）检查冷却塔的工作情况是否正常。

5）检查各控制仪表和自动控制系统工作是否正常，如机组的自动开机、停机；冷冻水的低温保护；断水保护；屏蔽泵的启动、停机、过载保护等。

6）检查各设备电源开关、控制开关是否处于正常开机位置。

7）检查电源供电及电压是否正常。

8）若为直燃机组，应检查燃料系统的工作是否正常。

9）检查真空泵的工作是否正常，检查内容应包括：

① 真空泵油位应在视油镜中部。

② 用手转动真空泵带盘，检查转动是否灵活、转向是否正确。

③ 真空泵电机绝缘电阻值是否符合要求。

10）检查屏蔽泵的工作是否正常，检查内容应包括：

① 屏蔽泵电机绝缘电阻值是否符合要求。

② 屏蔽泵启动与关闭检查。

③ 屏蔽泵过载保护检查。

2. 溴化锂吸收式制冷机组的开机操作

溴化锂吸收式制冷机组在完成开机前的准备工作以后，就可以转入启动运行了。现以蒸汽双效型机组（并联流程）为例，介绍溴化锂吸收式制冷机组的开机操作方法。

机组的启动有自动和手动两种方法。一般机组启动时，为保证安全多采用手动方法启动，待机组运行正常后再转入自动控制。手动启动的操作方法如图 6-2 所示。

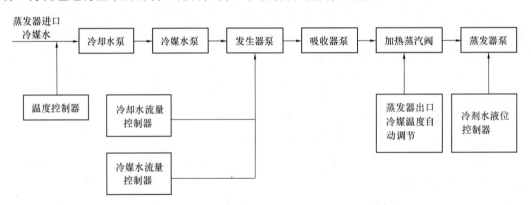

图 6-2 溴化锂吸收式冷水机组启动程序框图

溴化锂吸收式制冷机组启动过程中应注意以下几个问题：

（1）启动冷却水泵和冷媒水泵后，要慢慢地打开两泵的排出阀，并逐步调整流量至规定值，通水前应将放气旋塞打开，以排除空气。

（2）启动发生器泵后，调节通往发生器的两个阀门的开度，分别调节送往高压发生器、低压发生器中溴化锂溶液的流量，使高、低压发生器保持一定的液位。在采用混合溶液喷淋的两泵系统中，可调节送往引射器的溶液量，引射由溶液热交换器出来的浓溶液，使喷淋在吸收器管簇上的溶液具有良好的喷淋效果。

（3）在专设吸收器溶液泵的系统中，启动吸收器泵后，打开泵的出口阀门，使溶液喷淋在吸收器的管簇上。根据喷淋情况，调整吸收器的喷淋溶液量（采用浓溶液直接喷淋的系统，可以省略这一调节步骤）。

（4）打开凝结水放泄阀，排除蒸汽管道中的凝结水，然后再慢慢地打开蒸汽截止阀，向高压发生器供汽。对装有调节阀的机组，缓慢打开调节阀，按 0.05MPa、0.1MPa、0.125MPa（表压）的递增顺序提高压力至规定值。在初始运行的 30min 内，蒸汽压力不宜大于 0.2MPa（表压），以免引起严重的"水击"。

（5）当蒸发器液囊中的冷剂水液位达到规定值时，启动冷剂泵（蒸发器泵），调整泵出口的喷淋阀门，使被吸收掉的蒸汽与从冷凝器流下来的冷剂水相平衡，机组至此也完成了启动过程，应逐渐转入正常运转状态。

（6）机组进入正常运行后，可在工作蒸汽压力为 0.2～0.3MPa（表压）的工况下，启动真空泵运行，抽出机组中残余的不凝性气体。抽气工作可分若干次进行，每次 5～10min。

3. 溴化锂吸收式制冷机组的运行管理

机组转入正常运行后，操作人员应做好以下工作：

（1）机组参数的调试

机组参数的调试参见单元 4 第 6 节相关的内容。

（2）做好日常的运行观察工作

为了使机组能安全高效节能地运行，要经常观察机组的运行情况，以便在发现机组异常现象的预兆时就能迅速有效得到控制。

1）液位观察

① 观察发生器的液位，主要是高压发生器的液位。高压发生器液位过高或过低都会给机组带来不利影响，甚至损伤机组。

② 观察吸收器的液位，排除外界条件影响下吸收器的液位发生变化，主要是由于机组真空度及冷剂水被污染，以及溶液循环量不当等原因所导致，应进行溶液取样分析并认真解决。

③ 观察蒸发器的液位，排除外界条件影响下蒸发器的液位发生变化，冷剂水液位过高，主要是由于冷剂水污染或真空度不好而引起的。

2）冷剂水颜色观察

从视液镜可观察到冷剂水的颜色。如果冷剂水呈黄色，则说明冷剂水已被污染。此时，应进行冷剂水取样，测量其相对密度。若冷剂（冻）水的相对密度超过 1.04，则应及时进行冷剂水的再生处理。

3）冷冻水出水温度观察

如果冷冻水出水温度升高，要分析原因。若因外界条件变化导致温度升高是正常的现象；若因机组性能下降导致温度升高，则要检查引起性能下降的原因。一般气密性不良或机组内存有不凝性气体是重要的原因之一。一旦确定机组性能下降是由于气密性不良造成的，说明机组存在泄漏，则要停机检漏。机组若无法停止运行，暂可用增加抽气次数来补救，但应加强对真空抽气系统的管理，并尽快停机检漏。

此外，冷冻水被污染、机组结晶、表面活性剂减少以及机组传热管内结垢等，也会使冷冻水出水温度上升。

4）冷却水观察

在机组运行的过程中，要注意观察冷却水的进出水压力差及温度差。如果有较大变化，则要分析原因。若其他参数变化不大，则可能是传热管结垢或传热管口被堵塞，也可能是冷却水室隔板垫片破裂造成冷却水部分短路等原因，应仔细分析。

5）若为直燃机组，应进行燃烧观察

机组投入正常运行后，要从燃烧机的监视孔检查燃烧是否稳定。一旦燃烧状态不稳定，就会引起振荡燃烧，并在熄火时发出异常的爆炸声。

4. 溴化锂吸收式制冷机组的停机操作

溴化锂吸收式制冷机组的停机操作分为正常停机、故障停机和紧急停机三类。

（1）正常停机

溴化锂吸收式制冷机组的正常停机操作，通常按如下程序进行：

1）关闭蒸汽截止阀，停止向高压发生器供汽加热，并通知锅炉房停止送汽，若为直燃机组，燃烧机停火，关燃油供应阀。

2）关闭加热蒸汽后，冷剂水不足时可先停冷剂水泵的运转，而溶液泵、发生泵、冷却水泵、冷媒水泵应继续运转，使稀溶液与浓溶液充分混合，15～20min 后，依次停止溶液泵、发生泵、冷却水泵、冷媒水泵和冷却塔风机的运行。

3）若室温较低，而测定的溶液浓度较高时，为防止机组停机后结晶，应打开冷剂水旁通阀，把一部分冷剂水旁通入吸收器，使溶液充分稀释后再停机。若停机时间较长，环境温度较低时，一般应把蒸发器中的冷剂水全部旁通入吸收器，再经过充分的混合、稀释，判定溶液不会在停机期间结晶后方可停泵。

4）停止各泵运转后，切断控制箱的电源和冷却塔风机的电源。

5）检查制冷机组各阀门的密封情况，防止停机时空气泄入机组内。

6）记录下蒸发器与吸收器液面的高度，以及停机时间。

7）若当环境温度在 0℃以下或者机组长期停机时，要把蒸发器中的冷剂水全部导向吸收器，使溶液充分稀释。应打开冷凝器、蒸发器、高压发生器、吸收器、蒸汽凝结水排出管上的放水阀、冷剂蒸汽凝结水旁通阀，放净存水，防止冻结。同时应定期检查机组的真空情况，保证机组的真空度。

（2）故障停机

故障停机即安全保护停机，是针对机组发生异常情况而采取的保护措施，一般分为重故障保护和轻故障保护两种。

1）重故障保护停机

当溴化锂吸收式制冷机组发生冷冻水流量过小（或断水）、高压发生器溶液温度过高、高压发生器缺溶液、冷却水断水等重故障时，保护装置动作，机组会立即自动停止运行，并发出报警信号，显示故障情况。待排除故障后，通过手动启动才能使机组恢复正常运行。

2）轻故障保护停机

当溴化锂吸收式制冷机组发生冷冻水低温、熔晶管高温等偏离正常工况的轻故障时，保护装置也会动作，机组会立即自动停止运行，机组的自动控制系统能根据异常情况采取相应的措施，使参数从异常恢复到正常，并自动使机组重新启动运行。

3）紧急停机

紧急停机一般是指溴化锂吸收式制冷机组在运行过程中因停电而造成的停机。由于突然停电而停机，机组内溴化锂溶液浓度较高，机组不能进行稀释，可按以下程序处理：

① 立即关闭蒸汽截止阀或关闭燃油供应阀。

② 关闭抽气主阀，断开真空泵电路，防止突然来电真空泵运转造成空气渗入机组。

③ 断开冷却水泵电路。

④ 将熔晶开关放在"开"的位置。

⑤ 将溶液泵开关放在"停止"位置。

再次启动机组前，应检查机组是否结晶，确认无问题后再通电开机。

5. 溴化锂吸收式制冷机组的检查与保养

溴化锂吸收式制冷机组除要做活塞式制冷机组相同的检查与保养外，还应做如下项目的检查与保养。

（1）定期检查机组的气密性

机组气密性不良的判断依据是：制冷量下降、铜管变色、钢板生锈、溶液颜色变成褐色（或 pH 值上升）、屏蔽泵过滤器堵塞（泵的运行电流变小）。如果机组出现这些情况，则在停机时应及时检漏并补漏。

（2）若为直燃机组，应定期检查燃烧机的电磁阀、油泵、过滤器、点火电极、火焰探头，更换喷嘴，重新调校风门、燃油压力、打火电极雾化盘的位置。应定期清洁燃烧机入口及风叶，清洁火焰检测器，清洗油过滤器，清洁燃烧机点火电极和喷嘴等。

（3）定期检查屏蔽泵电机的绝缘性。

（4）定期检查真空泵及其连接管路是否密封良好，必要时可分解真空泵清洗。

（5）定期检测溶液浓度。

（6）机组停机后的充氮保养和真空保养。机组充氮保养时，应经常检查机内氮气压力，如发现压力下降过快，说明机组可能有渗漏。当确定是机组渗漏时，应进行气密性检查并消除渗漏。机组真空保养时，要密切注意机组的气密性，定期检查机组的真空度。

6. 溴化锂吸收式制冷机组的运行调节

溴化锂吸收式制冷机组的运行调节有两种方式：

（1）通过机组的自控系统，对热源供热量、溶液循环量的检测和调节来实现的运行调节

机组的自控系统调节装置主要由温度传感器、温度控制器、执行机构（调节电机）和调节阀组成。温度传感器把被测冷冻水温度与设定的冷冻水温度相比较，根据它们的偏差与偏差积累，控制进入的蒸汽量或直燃机组燃烧器中的燃料和空气量，使之与外界的负荷相匹配来实现制冷比例积分调节。

（2）机组的间歇运行调节

当负荷低于机组调节范围下限时，机组就会自动进行间歇运行。

6.2.10 地源热泵制冷机组的运行管理

地源热泵制冷机组的运行管理应注意以下内容：

1. 地源热泵制冷机组启动前的检查

（1）应先查看运行记录，了解地源热泵制冷机组的停机原因。如果是因故障停机，必须检查是否已检修完好。

（2）电气系统检查，用电压表检查输入电压是否在正常范围内。

2. 定期检查地源热泵制冷机组制冷剂泄漏情况，定期检测和维护制冷剂报警装置。

3. 地源热泵制冷机组开机顺序为先开启水系统后再开启主机，地源热泵制冷机组关机顺序为先关闭主机后再关闭水系统。

4. 地源热泵制冷机组运行时间（开机和停机时间）应根据当地气候状况、空调负荷和建筑热惰性，结合地源热泵系统特性等合理确定。

5. 热泵机组的冷水、热水出口温度设定值，应根据建筑采暖空调负荷的变化予以调整。

6. 在地源热泵制冷机组季节性开机前，应做好热泵机组、冷冻水系统与地源水系统的检查，确认设备状态良好、配电及自控系统性能正常，季节性切换阀门操作到位。利用水系统进行冬夏切换的系统，其功能转换阀门应设有明显的标识，操作结束后应对转换阀门的密闭性进行确认。

7. 土壤源热泵制冷机组的运行管理还应注意以下内容：

（1）土壤源热泵制冷机组在运行之前，应根据空调冷热负荷特点和差异、运行时段及机组散热等情况计算出的年度向土壤释冷释热不平衡率，并结合辅助冷却系统规模等因素制定出热平衡运行方案。

（2）对服务建筑面积较大的公共建筑土壤源热泵系统，热平衡运行方案还应在运行中结合地温监测情况进行必要的调整。

（3）土壤源热泵的生活热水供应系统，热平衡运行方案应考虑热水使用的影响。土壤源热泵的生活热水供应系统全年运行时，应分时分区切换使用地埋管换热器。

（4）土壤源热泵在低负荷运行时，优先切换使用埋管区域外围地埋管换热器。

（5）土壤源热泵制冷机组应根据负荷情况及热平衡运行方案，调节主机的开启台数和顺序，使机组运行在高效区。

（6）土壤源热泵制冷机组部分运行时，地埋管换热器组群的运行数量应与之匹配，控制地源侧流速在合理的范围，未开启机组的对应阀门应关闭严密。

（7）土壤源热泵制冷机组的地源侧水泵应根据负荷情况做变流量运行，使运行温差接近设计温差，避免大流量小温差运行。

（8）土壤源热泵系统的供冷、供热模式采用水系统切换时，应先关闭相关的所有阀门，再开启本季节运行所需阀门。

8. 地表水源热泵、污水源热泵和海水源热泵机组的运行管理还应注意以下内容：

（1）地表水源热泵和污水源热泵的季节切换前，应对换向阀门进行清洗，防止污水进行室内侧循环管道。

（2）水源侧管理

1）地表水源热泵、污水源热泵和海水源热泵的取水口位置应设置信号灯或其他形式的警示标志，并经常检查维护，保持警示标志的完好。

2）在枯水期、汛期、海洋赤潮期、地表水冰冻期等季节应加强对水源侧水位、水温、水质等参数的监测。进水水位不应低于规定的最低水位。枯水期水位变化引起取水水量下降而不能满足机组最低流量要求时应停止机组运行。

3）在热泵系统运行中，注意加强对取水头部、天然滤床及取水构筑物的检查、监测及定期清淤工作，及时清除漂浮物、泥沙及其他颗粒物，防止取水头部或输水管路堵塞。

4）定期检查具有连续反冲功能过滤器的冲洗效果，并检查排污情况。

5）在热泵系统运行时应监测排水口周边水体温度及其变化值，防止排热对周边水体的温度造成过大的影响。

6）当水源侧的进水温度低于水源热泵机组要求的下限值时，应启动辅助加热系统。

7）海水输配管道及与海水接触的设备应采取防止腐蚀及生物附着的措施。

（3）换热系统管理

1）对于采用中间换热器的开式水源热泵系统，应定期检修维护中间换热器，防止中间换热器出现腐蚀、堵塞、换热能力下降等现象。

2）对于采用闭式换热系统的热泵机组，应定期检查换热表面结垢状况，换热性能明显下降应及时对换热器表面进行清洗除垢。

3）换热系统在冬季运行时，应添加防冻剂并检查管路系统的泄漏情况。

4）水质较差的水源热泵系统，应定期监测污水过滤处理设备进出口水压力值，当进出口水压差超限时应及时进行清理维修。

5）污水源热泵运行中，应根据污水水质及其腐蚀性，在满足环保要求的前提下，加入适量的缓蚀剂，减缓设备与材料的腐蚀。

（4）热泵机组在一个运行周期结束后，若长时间停机，应放空机组和管道的存水，并切断电源。再行开机前应向系统内充水并对机组进行全面检查，确认正常后方能开机运转。

6.3 空调系统日常维护与故障分析

6.3.1 空调系统的日常维护

为了减少空调系统运行的故障，满足使用要求，并实现使用寿命、经济节能等技术指标，就要做好日常维护工作。日常维护的目的是使系统设备处于良好的技术状态。

保证系统设备处于良好技术状态的基本要求是：操作维护人员应对空调系统设备的结构性能、技术指标、使用方法及维护保养等方面的知识进行全面的学习和实际操作技能的训练，经过技术考核合格后，持证上岗。上岗后要认真做到"三好"、"四会"。"三好"一是"管好"，就是对所管理的设备负责，应保证设备主体及其随机附件、仪器仪表、防护装置和技术文件等完好齐备；二是"用好"，就是严格执行操作规程，不让设备超负荷和"带病"运行；三是"修好"，就是应定期维护保养，使设备的外观和传动部分保持良好状态。一般要求操作维护人员具备排除简单故障和小修的能力，并能配合修理人员做好设备的中、大修工作。

"四会"即会使用、会保养、会检查、会排除简单的运行故障。会使用，要求操作者熟悉设备的结构性能，能够按操作规程对空调系统进行操作运行。会保养，要求操作者会作简单的日常保养工作，正确理解并执行好设备维护规程，保持设备的清洁和润滑。会检查，要求操作者在值班时认真检查各种设备的运行状态及系统的运行参数是否在要求的范围内，如果发现设备故障或运行中出现问题，会按值班规程及时处理，并告知接班者和上报，待处理完毕后才能继续运行或交班离岗。在设备运行过程中，应注意观察各部位的工作情况，注意运转的声音、气味、振动情况和各关键部位的温度等。会排除简单的运行故障，是要求操作者熟悉设备的运行特征，能够鉴别设备工作正常或异常，会做一般的调整和简单的故障排除，不能自己解决时要及时报告并协同维修人员进行排除。

要做好空调系统的日常维护工作，建立相应的制度显得尤为重要。

1. 空调运行管理人员管理制度

（1）操作维护人员的资格认证和培训制度

1）人员专业和资格要求

技术管理人员应具有暖通或相关专业学历；操作和维修人员应具备制冷、空调相应的初级技术等级；所有人员（技术管理、运行操作、维修人员）的各类资格证书均应备案。

2）节能技术培训

应制定包括空调系统节能运行和管理技术等内容的节能技术培训年度计划。空调系统运行操作和维修岗位工作的人员均应参加空调系统节能运行培训学习。

（2）制定各岗位的节能岗位职责

空调运行管理人员除履行空调系统操作的基本职责外，还应满足相应的节能岗位职责。

1）技术管理人员的节能岗位职责

① 总结本单位空调系统的运行管理经验，根据实际情况制定全年空调系统的节能运行方案。

② 参与制定关于空调系统节能运行的各种规章制度，并监督检查操作人员的执行情况，发现高能耗的故障，及时提出改进措施，并督促改进工作。

③ 掌握空调系统的实际能耗状况，定期调查能耗分布状况和分析节能潜力，提出节能运行和改造建议。

④ 实施空调系统的能耗定额管理。

⑤ 提出节能改造方案或制定节能型产品设备的购买计划。

⑥ 负责空调运行操作人员和维修人员的节能业务培训。

2）操作人员的节能岗位职责

① 充分掌握和严格执行空调系统的节能管理制度和节能运行操作技术规程。

② 充分掌握和严格执行空调系统中使用的各类节能设备和产品的操作方法。

③ 每天定时记录和统计空调系统的运行能耗。

④ 每天定时记录空调房间的温度数据。

⑤ 及时查找空调系统中存在的能源浪费故障。

⑥ 有重大能耗事故及时向管理人员报告，并进行及时处理。

3）维修人员的节能岗位职责

① 充分掌握和严格执行空调系统的节能运行管理制度，设备的节能维护保养规程。

② 充分掌握和严格执行空调系统中使用的各类节能设备和产品的维护、保养及检修方法。

③ 维护保养或检修时不使用不利于空调系统节能的材料、备品和备件。

（3）节能运行交接班

空调系统是一个需要连续运行的系统，因此做好交接班是保障空调系统安全、节能运行的一项重要措施。空调系统交接班制度应包括下述内容：

1）交接班工作应在下一班正式上班时间前10～15min内进行，接班人员应按时到岗。若接班人员因故未能准时接班，交班人员不得离开工作岗位，应向主管领导汇报，有人接班后方可离开。

2）按职责范围，交接班双方共同巡视检查主要设备，核对交班前的最后一次记录数据。

3）交班人员应如实地向接班人员说明以下内容：

① 设备运行情况。

② 各系统的运行参数。

③ 空调房间温度。

④ 冷、热源的供应和电力供应情况。

⑤ 系统能耗。

⑥ 空调系统中有关设备供水、供冷管路及各种调节器、执行器、各仪器仪表的运行情况。

⑦ 当班运行中所产生的异常情况的原因及处理结果。

⑧ 运行中遗留的问题，需下一班次处理的事项。

⑨ 上级的有关指示，生产调度情况等。

4）交接班双方要认真填写交接班记录表并签字。接班人员发现交班人员未认真完成有关工作或在交接检查有不同意见，可当场向交班人员询问，如交班人员不能给予明确回答或可能造成不良后果，可拒绝接班，并立即报告主管领导，听候处理意见。如果接班人员没有进行认真检查和询问了解情况而盲目接班后，发现上一班次出现的所有问题（包括事故）均应由接班者负全部责任。

5）交接班时间前发生的高能耗的问题或故障未处理完不能交接班，并由交班人员负责继续处理，接班人员配合，处理完后方可进行交接班。交接班过程中如发现问题或故障，双方应共同处理，待处理完后再办理交接班手续。

（4）节能激励

对空调系统的节能运行效果进行年度考核，建立相应的节能激励制度，促进空调系统的运行节能；每年度根据空调系统全年节能效果，评选节能技术能手，给予一定的物质奖励。

2. 日常维护的基本要求

（1）整齐清洁

工具、工件、附件放置整齐，设备零部件及安全防护装置齐全。设备内外清洁，无跑、冒、滴、漏现象，机房洁净。

（2）润滑良好

按时给设备加油、换油，使用的润滑油应符合设备技术文件规定，质量合格。

（3）遵守规程

健全和严格遵守操作及维护规程，做好值班巡查和交接班工作。及时发现故障苗头，精心维护，防止扩大，使设备运行在最佳状态。

（4）措施完善

对于大中型公共建筑空调系统，有生物安全要求的净化空调系统，当空调系统本身或建筑内其他系统设备发生事故时，必须有完善、协调的故障报警及处理措施。

3. 设备维护规程的基本内容

（1）启动前应认真检查风机传动皮带的松紧程度，各种阀门所处状态是否处于待启动状态，检查合格后方可启动。

（2）必须按照说明书和有关技术文件规定的顺序和方法进行启动运行。

（3）严格按照设备技术规定和要求进行运行，不准超负荷运行，做好值班记录。

（4）设备运行时，操作者不得离开工作岗位，并要注意各部位有无异味、过热、剧烈振动或异常声响等。若发现有故障应立即停止运行，及时排除。

（5）设备上一切安全防护装置不得随意拆除，以免发生事故。

（6）认真做好交接班工作，特别要向接班人员讲清楚设备发生故障后的处理情况，使接班者做到心中有数，做好防范工作。

4. 空调系统的维修制度

设备维修时间一般按设备运行周期进行，除了由运行人员承担的日常维修，以及技术人员和维修班、组长承担的预防性检修外，还要按期对设备进行大、中、小修，以恢复设备的功能和精度。大、中、小修周期为：大修→小修→小修→中修→小修→小修→中修→小修→小修→大修。每一大修周期基本构成包括六个小修和两个中修。时间间隔可参照以下规定：二班制运行的设备5～6年大修，2年中修，8个月小修，4个月定期预检；三班制运行的设备可相对缩短时间间隔。复杂的设备维修工作应由两人以上进行，凡两个以上的维修项目，必须指定主要负责人，负责整个设备维修的工作安排与分工，以防忙乱和差错。对于机械零件的装配与拆卸都必须按技术规定进行，不能随便地敲打撞击，要按照拆下顺序排放零、部件并编号，以便记忆。清洗零、部件时要认真地检查，看有无损伤现象。拆卸清洗后要及时上油，以防零、部件锈蚀。在设备安装与装配时，要注意设备技术要求，特别是配合要求，保证质量，不能违反装配程序来装配、安装和运转设备。检修工作完毕后，维修人员应检查工具与零、部件有无丢失或缺少现象。设备试运转前应先检查机内有无异物。维修后运转若有异常情况应及时停机复检。对于维修后的设备，维修人员应把维修部件和试运转情况及时向运行操作人员介绍，请运行操作人员注意检查刚修好并投入使用的设备和部件。

维修人员要严格执行技术安全规程和防火条例。在维修电气线路和电盘（箱）时要有监护人，以免发生意外；在使用易燃物品时，要严禁烟火；在高空作业的操作人员要加保护绳；在密闭容器或地沟作业时，要注意通风。

维修人员要认真填写维修报告，对维修的设备、项目、内容要填写清楚。填写后交技术负责人或班组、车间存档。使用单位无中、大修能力时可以聘请专业修理服务公司。

6.3.2　集中式空调系统运行常见故障及处理方法

空调系统是否出现故障，主要是看其设备运行参数是否合乎要求。表6-1所列为集中式空调室内运行参数与设计参数出现明显偏差时的常见故障原因分析与处理方法。对制冷与空调其他设备的具体故障分析和检修，可参见专门的制冷空调设备检修手册。

故障现象	产生原因	处理方法
送风参数与设计值不符	(1) 冷热媒参数和流量与设计值不符。 (2) 空气处理设备热工性能达不到额定值。 (3) 空气处理设备安装不当，造成部分空气短路，空调箱或风管的负压段漏风，未经处理的空气漏入。 (4) 挡水板挡水效果不好。 (5) 送风管和冷媒水管温升超过设计值	(1) 调节冷热媒参数与流量，使空气处理设备达到额定能力。 (2) 测试空气处理设备热工性能，查明原因，消除故障。如仍达不到要求，则可能是空气处理设备额定容量偏大或偏小。 (3) 检查设备、风管，排除短路与漏风。 (4) 检查喷水室挡水板安装质量，必要时可减小挡水板间距和调整挡水板的形状，消除漏风带水。 (5) 管道保温不好，检查风管、水管保温层施工质量
室内温度、相对湿度均偏高	(1) 送风温度、相对湿度偏高。 (2) 喷水室喷嘴堵塞，或喷水压力过大，错装细喷喷嘴。 (3) 通过空气处理设备的风量过大、热湿交换不良。 (4) 室内负压造成大量室外空气渗入。 (5) 送风量不足（可能过滤器堵塞）。 (6) 表冷器结霜，造成堵塞。 (7) 房间热湿负荷计算不准确	(1) 制冷系统产冷量不足，检修制冷系统。 (2) 清洗喷水系统，检查喷嘴型号，调节喷水压力。 (3) 调节通过空气处理设备的风量。 (4) 调节回、排风量，使室内形成正压。 (5) 清理过滤器，使送风量正常。 (6) 调节蒸发温度，防止结霜。 (7) 利用夜间或热湿负荷小的时间进行调试判别
室内温度合适或偏低，相对湿度偏高	(1) 送风温度低（可能是二次加热未开或不足）。 (2) 喷水室过水量大，送风含湿量大（可能是挡水板不均匀或漏风）。 (3) 机器露点温度和含湿量偏高。 (4) 室内产湿量大（如增加了产湿设备，用水冲洗地板，漏气、漏水等）	(1) 正确使用二次加热，检查二次加热的控制与调节装置。 (2) 检查挡水板质量，堵漏风。必要时可减小挡水板间距。 (3) 调节三通阀，降低混合水温。 (4) 减少湿源
室内温度正常，相对湿度偏低（这种现象常发生在冬季）	(1) 室外空气含湿量较低，未经加湿处理，仅加热后送入室内。 (2) 加湿器系统故障	(1) 有喷水室时，应连续喷循环水加湿，若是表冷器系统应开启加湿器进行加湿。 (2) 检查加湿器及控制与调节装置
系统实测风量大于设计风量，室内正压过大	(1) 系统的实际阻力小于设计阻力，风机的送风量因而增大。 (2) 设计时选用风机容量偏大	关小风量调节阀，减小风量；有条件时可改变（降低）风机的转速
系统实测风量小于设计风量，室内出现较大负压，室内温度、相对湿度偏高	(1) 系统的实际阻力大于设计阻力，风机送风量减小。 (2) 系统中有阻塞现象。 (3) 系统漏风。 (4) 风机出力不足（风机达不到设计能力或叶轮旋转方向不对，皮带打滑等）	(1) 条件许可时，改进风管构件，如采用导流弯管等，减小系统阻力。 (2) 检查清理系统中可能的阻塞物。 (3) 检查漏风点，堵漏风。 (4) 检查、排除影响风机出力不足的因素

故障现象	产生原因	处理方法
系统总送风量与总进风量不符，差值较大	（1）风量测量方法与计算不正确。 （2）系统漏风或气流短路	（1）复查测量与计算数据。 （2）检查送风和进风测定点之间的管道及设备漏风情况；消除短路
机器露点温度正常或偏低，但室内降温慢	（1）送风量小于设计值，换气次数少。 （2）有二次回风的系统，二次回风量过大。 （3）空调系统房间多、风量分配不均匀	（1）检查风机型号是否符合设计要求，叶轮转向是否正确，皮带是否松弛，开大送风阀门，消除风量不足因素。 （2）调节，降低二次回风量。 （3）调节，使各房间风量分配均匀
室内气流速度超过允许流速	（1）送风口速度过大。 （2）总送风量过大。 （3）送风口的形式不合适	（1）增大风口面积，或开大风口调节阀。 （2）降低总风量。 （3）改变送风口形式，增加紊流系数
室内气流速度分布不均，有死角区	（1）气流组织设计考虑不周。 （2）送风口风量未调节均匀，不符合设计值	（1）根据实测气流分布图，指出问题根源。 （2）调节各送回风口风量使其与设计值相符
室内洁净度达不到设计要求	（1）过滤器效率达不到要求。 （2）施工安装时未按要求擦净设备及风管内的灰尘。 （3）生产工艺流程与设计要求不符。 （4）室内正压不符合要求，室外有灰尘渗入	（1）更换不合格的过滤器。 （2）设法清理设备与管道内灰尘。 （3）改进工艺流程。 （4）增加换气次数和正压
室内噪声大于设计要求	（1）风机噪声高于额定值。 （2）风管及阀门、风口风速过大，产生气流噪声。 （3）风管系统消声设备不完善	（1）测定风机噪声，检查风机叶轮是否碰壳，轴承是否损坏，减振是否良好，对症处理。 （2）调节各种阀门、风口，降低过高风速。 （3）增加消声弯头等设备

单 元 小 结

本单元介绍了空调系统、风机盘管机组、风机、水泵、冷却塔、活塞式制冷机组、螺杆式制冷机组、离心式制冷机组、溴化锂吸收式制冷机组、地源热泵制冷机组的运行与管理以及日常维护与故障分析方法。

通过本单元的学习，可以较全面地理解投入使用后的空调系统及制冷机组的运行管理与维护的基本知识，具备投入使用后空调系统及制冷系统的节能运行、日常维护与故障分析的技能。

思 考 题 与 习 题

1. 空气调节系统的启动应如何操作?

2. 空气调节系统正常停机的操作要求有哪些?

3. 空气调节系统的运行管理主要有哪些内容?

4. 试编制大型中央空调机组运行的值班制度。

5. 对空调系统操作维护人员的"三好"、"四会",各指那些基本要求?

6. 氟利昂活塞式制冷机组的开机应如何操作?

7. 简述螺杆式制冷机组的正常开机有哪些步骤?

8. 若风机盘管机组的冷风效果不良,试从哪几个方面分析其原因?

9. 制冷机组需长期停机时,应怎样操作停机过程? 停机后如何保护?

10. 活塞式制冷机组混入空气后会产生哪些问题? 如何发现混入了空气和如何排除空气?

11. 送风状态参数与设计不符时,可从哪些方面去分析原因?

12. 空调系统送风量与设计值不符时,可能有哪些方面的原因?

13. 冷却塔常见的故障有哪些?

14. 试分析空调系统运行中机组露点温度正常,但空调房间内降温慢的原因。

15. 试分析空调系统运行中,由于送风气流中夹带水滴过多而导致空调房间内相对湿度异常的原因。

16. 试分析活塞式制冷压缩机曲轴箱压力升高的原因,并提出解决办法。

17. 如果试运行时出现活塞式制冷压缩机排气压力比冷凝压力高,或吸气压力比正常蒸发压力低,应如何查找原因?

18. 压缩机结霜可能由哪些故障引起? 如何排除?

19. 试分析螺杆式制冷压缩机运行中突然停机的原因。

20. 使溴化锂吸收式制冷机组运行时溶液结晶的故障原因有哪些? 如何避免溶液结晶?

主 要 参 考 文 献

［1］ 王寒栋主编. 制冷空调测控技术. 北京：机械工业出版社，2004.

［2］ 夏云铧主编. 中央空调系统应用与维修(第3版). 北京：机械工业出版社，2004.

［3］ 张吉光等编著. 净化空调. 北京：国防工业出版社，2003.

［4］ 白公编著. 怎样阅读电气工程图. 北京：机械工业出版社，2004.

［5］ 张子慧，黄翔，张景春编著. 制冷空调自控系统. 北京：机械工业出版社，2001.

［6］ 朱伟峰，江亿，薛志峰. 空调冷冻站和空调系统若干常见问题分析. 《暖通空调》第30卷第6期，2000年.

［7］ 刘成毅，罗西牧，胡笛等. 蒸气压缩式制冷系统压力试验的研究与应用. 《制冷学报》第32卷第1期，2011.

［8］ 刘成毅，杨林彬，毛辉等. 制冷系统安装现场检漏存在的问题与对策. 《流体机械》第37卷第8期，2009.

［9］ 刘成毅. 吸收式冷水机组现场检漏存在的问题. 《四川建筑科学研究》第36卷第5期，2010.

［10］ 李金川. 空调制冷安装调试手册. 北京：中国建筑工业出版社，2006.

［11］ 陈芝久，吴静怡. 制冷装置自动化(第2版). 北京：机械工业出版社，2012.

［12］ 孙见君主编. 空调工程施工与运行管理. 北京：机械工业出版社，2014.